高职高专计算机任务驱动模式教材

C#语言程序设计
（第2版）

李继武　编著

清华大学出版社
北京

内 容 简 介

本书共 8 章,第 1 章简要介绍 C#语言诞生的背景、特点以及.NET 框架诞生的背景和组成等内容;第 2 章讲解 C#语言结构化程序设计;第 3 章讲解 C#语言面向对象程序设计;第 4 章讲解 C#语言 I/O程序设计;第 5 章详细讲解 C#语言 Windows Forms 程序设计,并开发了一个类似 Notepad 的示例程序;第 6 章讲解 C#语言 ADO. NET 程序设计;第 7 章讲解 C#语言 ASP. NET 程序设计;第 8 章详细讲解一个实际案例——上市公司财务分析软件的设计与实现过程。

本书精心设计了 80 多个示例程序,每个程序都对关键的知识点做了透彻的演示,本书还精心设计了一个综合性的实战项目,该项目将贯穿本书的重点与难点都巧妙地融合起来,有很好的实战效果。

本书结构编排巧妙,内容详略得当,案例设计合理,讲解深入浅出。

本书适合作为高职高专院校开设 C#语言程序设计课程的教材,也适合作为社会上各种计算机培训班学习 C#语言的教材,同时也可以作为读者自学 C#语言的参考书。

图书在版编目(CIP)数据

C#语言程序设计/李继武编著. —2 版. —北京:清华大学出版社,2016
(高职高专计算机任务驱动模式教材)
ISBN 978-7-302-45034-4

Ⅰ. ①C… Ⅱ. ①李… Ⅲ. ①C 语言－程序设计－高等职业教育－教材 Ⅳ. ①TP312.8

中国版本图书馆 CIP 数据核字(2016)第 218493 号

责任编辑:孟毅新
封面设计:常雪影
责任校对:刘　静
责任印制:刘海龙

出版发行:清华大学出版社
　　　　网　　　址:http://www.tup.com.cn,http://www.wqbook.com
　　　　地　　　址:北京清华大学学研大厦 A 座　　　　　　邮　　编:100084
　　　　社 总 机:010-62770175　　　　　　　　　　　　　邮　　购:010-62786544
　　　　投稿与读者服务:010-62776969,c-service@tup.tsinghua.edu.cn
　　　　质量反馈:010-62772015,zhiliang@tup.tsinghua.edu.cn
　　　　课件下载:http://www.tup.com.cn,010-62770175-4278
印 装 者:北京泽宇印刷有限公司
经　　销:全国新华书店
开　　本:185mm×260mm　　印　张:16　　　　　　　字　　数:382 千字
版　　次:2011 年 4 月第 1 版　2016 年 12 月第 2 版　印　　次:2016 年 12 月第 1 次印刷
印　　数:1～2500
定　　价:36.00 元

产品编号:065007-01

前　言

开发 Windows 软件的程序员都希望又快又好地开发出满足用户需求的软件产品,当然这除了要依靠程序员的能力和勤奋以外,还要有好用的软件开发平台支持,正所谓"工欲善其事,必先利其器"。自 2002 年微软推出 C♯ 语言和.NET 平台以来,经过十几年的发展,现在已经有越来越多的程序员开始利用 C♯ 语言和.NET 平台来开发各种应用软件。

作为一个软件开发平台,.NET 框架提供了一个庞大的类库,该类库以面向对象的方式全新封装了 Windows 底层的各种 API 函数,通过它,程序员可以高效地开发各种应用软件,从而摆脱了"编程语言＋Win32 API 函数"的低效率软件开发模式。在.NET 框架类库中,有两个非常重要的技术,那就是 ADO.NET 和 ASP.NET,前者是数据访问平台,后者是 Web 开发平台,它们为开发目前热门的数据库程序和 Web 应用程序提供了强有力的支持。另外,利用.NET 类库开发的程序,将编译成 MSIL(微软中间语言)代码,并需要在.NET 框架中的托管平台 CLR(公共语言运行库)上运行,CLR 将为其提供安全保证和垃圾回收等功能。

C♯ 语言是一种优雅的编程语言,它汲取了目前几种如 C++、Java 和 Visual Basic 等主流编程语言的精华,拥有语法简洁、面向对象、类型安全和垃圾回收等现代语言的诸多特征,从而成为利用.NET 平台开发应用程序的最佳编程利器。

为了更好地利用 C♯ 语言(当然还包括其他支持.NET 平台开发的语言)和.NET 框架类库开发应用程序,微软开发了当今最优秀的集成开发环境之一——Visual Studio.NET。这是一个多语言统一的、多组件集成的、可视化的编程环境,它可以有效地加速应用软件的开发过程,快速构建商业中间层组件,并有助于开发人员构建可靠的、可伸缩的企业级解决方案。

本书是一本详细讲解 C♯ 语言程序设计的教材,全书共 8 章。第 1 章简要介绍 C♯ 语言、.NET 框架和 Visual Studio.NET 开发工具;第 2 章讲解如何通过 C♯ 语言进行结构化程序设计;第 3 章讲解如何通过 C♯ 语言进行面向对象程序设计;第 4 章讲解如何通过 C♯ 语言进行 I/O 程序设计;第 5 章讲解如何通过 C♯ 语言进行 Windows Forms 程序设计;第 6 章讲解如何通过 C♯ 语言进行 ADO.NET 程序设计;第 7 章讲解如何通过 C♯ 语言进行 ASP.NET 程序设计;第 8 章讲解实战案例"上市公司财务分析软件"的开发过程。

本书的第一版出版于2011年，距今已近5年多了，C#语言和.NET框架发生了很大变化，为了反映这种变化，作者对书中所有的案例代码用新平台进行了重新编写，并改写了若干章节内容，如蒙读者诸君指出书中的不足之处，将不胜感激。

编　者

2016.9

目 录

第 1 章 概 述

1.1 C#语言简介

1999 年,微软公司秘密开发了一种名叫 COOL 的新编程语言,并于 2000 年 6 月 26 日在美国奥兰多(美国佛罗里达州中部城市)举行的"专业开发者大会"(Professional Developer Conference,PDC)上推出了这个新语言,此时它已改名为 C#(读作 C Sharp)。

1.1.1 C#语言诞生的背景

早在 1995 年,Sun 公司的 James Gosling(詹姆斯·格斯林)开发出了 Java 语言,这种语言简单、面向对象、功能强大,并且由于 JVM(Java Virtual Machine,Java 虚拟机)的缘故,它还可以跨平台运行。这些特性使 Java 语言逐渐成为企业级应用系统开发的首选工具,越来越多使用 C/C++开发软件的人员开始转向使用 Java 进行应用系统开发。

微软公司感觉到了这种压力,于是在 Anders Hejlsberg(安德斯·海尔斯伯格)的领导下,迅速开发出了 Java 语言的微软版——Visual J++,这个产品很快成为强大的 Windows 应用开发平台,并成为业界公认的优秀 Java 编译器。

Sun 公司以 Visual J++主要用在 Windows 平台系统开发为由,起诉微软公司违反了 Java 开发平台的中立性,并终止了对微软公司的 Java 授权,使微软公司陷入了被动局面。

为了彻底摆脱这种局面,微软公司于 1998 年 12 月启动了一个全新的语言项目——COOL,它是 C#语言的前身,其首席开发者仍然是 Anders Hejlsberg。Anders Hejlsberg 是一位杰出的软件天才,他是 Borland 公司的创始人之一,也是 Delphi 之父。

由于 Visual J++语言的发展陷入僵局,Anders Hejlsberg 索性另起炉灶,于 1999 年开始了 C#语言的开发历程。同年 7 月,COOL 语言完成了一个内部版本,2000 年 2 月,正式更名为 C#。2000 年 7 月,微软公司发布了 C#语言的第一个预览版(又名 Preview 版,软件开发商为了满足那些对新版本很关注的人而发布的可以看到大部分功能的测试版)。在此后一年多的时间里,微软公司不断地修补各个测试版中的 Bug(缺陷或漏洞),直到 2002 年 2 月,微软公司终于推出了 C#语言的第一个正式版——C#1.0,关于 C#语言的主要版本变化及新增特性将在 1.3 节介绍。

1.1.2 C#语言的特点

C#语言是一门简单、现代、面向对象和类型安全的编程语言。

1. 简单

C#语言是一门简单的编程语言。当然,简单是相对的概念。例如,C/C++这类语言,它们的表达能力很强，但是比较琐碎。换句话说，程序员需要关注的细节特别多。而 C#语言借鉴了 C/C++以及 Java 语言的优点，避免了它们的不足，在语法上变得简洁而优雅。

2．现代

C#语言是一门现代的编程语言。说到其现代就要谈一谈编程语言的历史。

自计算机诞生以来，最初的机器语言只能由当时的科学家来使用，后来汇编语言开始流行，但学起来相当难，鉴于此，高级语言诞生了。与机器语言和汇编语言相比，高级语言不依赖于计算机硬件，而且学习难度显著降低了，同时这期间计算机开始逐渐普及，这使得通过高级语言进行编程成为一种社会上的职业需求。

由于计算机硬件的发展，软件规模越来越大，对软件的需求也越来越多，这种日益暴露的软件危机促使高级语言由早期传统的编程模式向现代编程模式转变，这其中就包括由结构化编程向面向对象编程过渡，以及由只支持单一平台开发向跨平台开发演变等。具体来说，C#语言支持面向对象编程，支持基于 CLR(Common Language Runtime，公共语言运行库)虚拟机模式的跨平台开发，支持内存的自动管理等现代语言编程机制。

3．面向对象

C#语言是一门面向对象的编程语言。目前，主流的编程语言几乎都支持面向对象编程，如 Java、VB、C++等，同它们相比，C#语言在支持面向对象编程方面做得更纯粹、更彻底。例如，通过 C++可以面向对象编程，也可以不面向对象编程。从这个角度看，C++是通用的编程语言，而不是纯正的面向对象编程语言。当然，这不是 C++语言的缺点，而是 C++语言适用范围广的表现，但在面向对象理论大行其道的今天，C++对不面向对象编程的支持，使得其语法更复杂，学习难度更大。

4．类型安全

C#语言是一门类型安全(强类型)的编程语言。所谓类型安全就是指不可以将 A 类型强制转换成 B 类型，从而对转换后的 A 类型进行 B 类型上定义的操作，换句话说，变量类型定义后，不能将其再转换成其他类型(非本类型或非本类型的子类型)。

由于类型安全直接涉及内存安全，所以保证类型安全是 CLR 的使命之一，C#可以直接享受类型安全所带来的好处。

总而言之，C#是一门潜力很大的编程语言，读者可以通过本书学到它的经典部分。

1.2 .NET 框架简介

没有.NET 框架而单纯说 C#语言是没有意义的，因为 C#语言编程离不开.NET 框架的支持，如果非要比较二者的重要性，那显然.NET 框架更重要。因为没有 C#语言，还有其他语言(如 VB.NET)可以使用.NET 框架，而没有.NET 框架，C#语言将无法生存。那么，.NET 框架到底是什么？

1.2.1 .NET 框架诞生的背景

回顾 Windows 软件开发的历史可以知道，编程语言从来没有离开过开发框架。

1. C/API 开发框架

早期的 C 语言开发需要程序员花大力气掌握数千个 Windows API（Application Programming Interface，应用程序编程接口）方法，然后以一种很费时的方式开发出成功的应用。

2. C++/MFC 开发框架

C++给程序员带来了面向对象的编程理念，使其摆脱了过程化编程的冗长与乏味，而且以 C++类的形式封装了 Windows API 的 MFC（Microsoft Foundation Classes，微软基础类库）框架，这些都大大减少了应用程序开发人员的工作量。

不过，使用 C++与 MFC 开发程序依然是一个艰难而且容易出错的过程。

3. Java/J2EE 开发框架

Java 语言在保留了 C++强大的同时剔除了 C++中令人生厌的语法。伴随着网络的兴起，Java 及 J2EE（Java 2 Enterprise Edition）框架赢得了越来越多程序员的青睐，它们掌握了软件开发趋势的节奏，获得了市场。

通过 Java 语言和 J2EE 框架进行企业级应用系统开发是一个不错的选择。

4. C♯/.NET 开发框架

C♯语言与.NET 框架的出现彻底颠覆了 Windows 系统软件开发的传统模式，使程序员可以从繁杂冗长的编程细节中解脱出来，把更多的注意力投向用户的需求以及获得问题的真正解决方案。在需要编程时，简洁明快的 C♯语言和强大的.NET 框架可以为实现解决方案提供有力的支持。

1.2.2　.NET 框架的组成

.NET 框架主要由 CLR 和.NET 类库这两部分组成。

1. CLR

CLR 是.NET 程序的虚拟机平台，此处重点讲解它的 3 个特性：平台无关性、内存的自动管理和代码验证功能。

（1）平台无关性

CLR 在整个.NET 平台中担任什么角色？说清楚这个问题前先看看图 1-1。

图 1-1　CLR 工作原理

从图 1-1 中可以看出，C♯开发的.NET 程序是以 CLR 为运行平台的，这与 C++不同。

实际上，用 C++开发的程序会直接编译成本机的二进制代码，CPU 可以直接识别这种代码；用 C♯开发的.NET 程序并不直接编译成本机代码，而是编译成一种称为 MSIL（Microsoft Intermediate Language）的中间语言，CPU 无法识别这种中间语言。所以当运行用 C♯开发的.NET 程序时，需要先由 CLR 将这种中间语言即时编译成 CPU 可直接识别的本机代码然后再运行。由此看来，CLR 就是.NET 程序运行的虚拟机平台。

.NET 程序为什么要采用这种中间语言加虚拟机运行的模式？这当然是有原因的，从这种方式中获得的最大好处就是.NET 程序可以跨平台了。

其一，C++ 程序编译以后可以由 CPU 直接识别，而 CPU 是有多种架构的，这就说明 C++ 程序是依赖于计算机硬件的；其二，C++ 程序直接同操作系统打交道，在某种操作系统下开发的 C++ 程序将无法保证在其他操作系统下正常运行，这说明 C++ 程序是依赖于操作系统的。这两个限制说明 C++ 程序是无法跨平台的（这里说的平台指计算机的硬件平台和操作系统平台）。

现在看看用 C# 语言开发的.NET 程序，由于它并不直接编译成本机代码，不需要 CPU 直接识别，所以它就没有了对 CPU 架构的依赖。又由于它不直接同操作系统打交道，而是同 CLR 打交道，这就没有了对操作系统的依赖。没有了这两个依赖，它就实现了平台的无关性。

.NET 程序虽然不依赖于 CPU 和操作系统，可是它依赖于 CLR。不过 CLR 由微软公司根据不同平台来提供不同版本，这使得.NET 程序员只需专心开发.NET 程序即可。

（2）内存的自动管理

在讲 CLR 内存管理之前，先讲一下 C++ 程序是如何使用内存的。

C++ 程序员要使用内存，先要向操作系统申请，在获得内存并使用完后还要写代码将其释放。谁申请谁释放，应该说这个过程顺理成章，但是大量的编程实践表明，很多 C++ 程序员在使用完内存后会忘记释放内存，结果导致操作系统无法回收已经不用的内存，造成内存的不必要浪费，这种现象叫"内存泄漏"。要避免这种现象只能靠 C++ 程序员不要忘记释放内存。

上述问题在.NET 编程时就不会存在，因为.NET 程序需要内存时是向 CLR 申请，而 CLR 将它所掌控的内存划分成栈内存和堆内存。其中栈内存用后自动释放无须管理；堆内存在分配给.NET 程序后，也不需要.NET 程序员写代码释放，而是由 CLR 来管理。CLR 有一个单独的线程专门用来管理它分配出去的堆内存，当通过线程发现某块堆内存处于无主的废弃状态时，CLR 就会主动将其回收。这种机制有个专门术语叫"垃圾回收"，有了这种机制，.NET 程序员就不用再担心出现"内存泄漏"了。

（3）代码验证功能

.NET 程序在运行前需要先由 CLR 即时编译成本机代码。事实上，CLR 在编译前有一个验证过程，该过程检查中间代码是否安全，也就是要确保中间代码不会访问不应该访问的内存。C++ 程序无法做到这一点，因为 C++ 程序事先已经全部编译完成，它无法预料运行时内存的具体使用情况。

CLR 还有一些诸如跨语言的互操作等功能，随着学习的深入会逐步了解到。关于 CLR 的版本变化情况可参见 1.3 节。

2．.NET 类库

.NET 类库同 C# 程序员的关系是最紧密的。因为 CLR 是个平台，不理解它也不影响 C# 程序的运行，可是.NET 类库不同，所有的.NET 程序都或多或少用到其中的类，并且.NET 程序员的编程工作就是基.NET 类库展开的。所以，.NET 类库是.NET 程序员学习的重点。

.NET 类库以命名空间的形式组织类,此处仅介绍常用的几个命名空间。

（1）System.Data 命名空间。该命名空间提供了对 ADO.NET 组件类的访问,通过 ADO.NET 组件,.NET 程序可以访问并管理多个数据源的数据。

（2）System.Drawing 命名空间。该命名空间提供了对 GDI＋基本图形功能的访问,通过 GDI＋组件,.NET 程序可以开发一些图形输出的功能。

（3）System.IO 命名空间。该命名空间包含允许读写文件和数据流的类,以及提供基本文件和目录支持的类,有了这些类,.NET 程序就可以实现一些文件的 I/O 功能。

（4）System.Net 命名空间。该命名空间为当前网络上使用的多种协议提供了简单的编程接口,.NET 程序借此可以开发出使用 Internet 资源的应用程序,而不必考虑各种不同协议的具体细节。

（5）System.Web 命名空间。该命名空间提供了可以进行浏览器与服务器通信的类和接口。

（6）System.Web.UI 命名空间。该命名空间提供的类和接口可用于创建使用 ASP.NET 服务器控件的 ASP.NET 网页。

（7）System.Windows.Forms 命名空间。该命名空间包含用于创建基于 Windows 应用程序的类,以充分利用 Windows 操作系统中提供的丰富的用户界面功能。

（8）System.Xml 命名空间。该命名空间为处理 XML 文件提供了基于标准的支持。

（9）System.Linq 命名空间。该命名空间提供支持使用语言集成查询（LINQ）进行查询的类和接口。

1.3　Visual Studio.NET 简介

微软提供的 Visual Studio.NET（简称为 VS.NET）集成开发平台无疑是业界最好用的开发平台之一,程序员通过它可以快捷高效地进行软件开发。事实上,很多程序员喜欢微软的技术就是因为喜欢 VS.NET。有过 Java 语言编程经历的人都知道,Java 语言和 J2EE 平台没有一个像 VS.NET 那样好用的集成开发平台,这不能不说是 Java 程序员的痛苦。初学者可能不了解 C♯语言、.NET 框架、CLR 和 VS.NET 这几者之间的关系,下面简单地解释一下。

C♯语言是程序员手中的编程工具,.NET 框架为程序员提供了编程时要使用的各种功能各异的类库,CLR 是 C♯程序运行的虚拟机平台,VS.NET 集成开发平台则为程序员使用 C♯语言操作.NET 类库提供了方便。所以对于 C♯程序员来说,这几者往往是分不开的,微软也经常将它们的更新版本一同发布。下面通过表 1-1 来了解一下这些产品的版本变化历程。

表 1-1　C♯语言、.NET 框架、CLR 及 VS.NET 版本变化历程一览表

C♯语言	.NET 框架	CLR	VS.NET	发布时间	主要新增特性
1.0	1.0	1.0	VS 2002	2002.02	面向对象编程,托管代码,基础类库

续表

C#语言	.NET框架	CLR	VS. NET	发布时间	主要新增特性
1.2	1.1	1.1	VS 2003	2003.04	支持 ASP. NET Mobile,支持 Oracle,支持 IPv6
2.0	2.0	2.0	VS 2005	2005.11	泛型编程,支持 64 位,部分类,匿名方法,迭代器,可空类型
3.0	3.0		VS 2007	2006.11	全新图形界面系统 WPF,全新通信框架 WCF,工作流引擎 WF
	3.5		VS 2008	2007.11	支持 AJAX、LINQ、LAMBDA 表达式,扩展方法,自动属性
4.0	4.0	4.0	VS 2010	2010.04	延迟绑定,命名参数,可选参数,并行 LINQ,DLR
5.0	4.5		VS 2012	2012.05	异步方法,支持 HTML 5,后台 JIT,后台 GC

第2章 C#语言结构化程序设计

C#语言是一门面向对象的编程语言,面向对象是一种编程思想,它指导人们如何更好地编写程序,它的实现离不开结构化程序设计,就好像一座设计精巧的大楼离不开砖头瓦块一样。

结构化程序设计最终要落实到语句上,而构建一个语句则需要数据类型、变量、操作符和表达式。其中,数据类型规定了内存的申请方式和合适的值范围;变量则代表了内存的位置;操作符用于构建表达式;而表达式代表了程序的应用逻辑。语句自顶向下按照顺序编写,又可能会出现选择和循环。总之,语句的结构要体现解决问题的思路。

本章讲解 C#语言的结构化程序设计部分,内容包括数据类型、变量、操作符、表达式、语句和数组,这些内容将为进一步学习 C♯语言的面向对象程序设计奠定良好的基础。

2.1 语 法 标 记

2.1.1 Unicode 字符转义序列

在 C#语言中,一个 Unicode 字符可以通过字符转义序列(就是通过\u 或\U 加上十六进制数)来表示。不过 Unicode 字符转义序列的编码必须落在\u0000～\uFFFF 范围内。Unicode 字符转义序列可以出现在标识符和字符文本中。下面的例子在字符文本中出现了Unicode 字符转义序列。

程序清单:codes\02\StructTypeDemo\Program.cs

```
1   namespace CharEscapeDemo
2   {
3       class Program
4       {
5           static void Main(string[] args)
6           {
7               char c = '\u0070';
8               int i = (int)c;
9               Console.WriteLine("字符:{0},Unicode 转义序列:\\u{1}",
10                  c,i.ToString("x4"));
11              c = '中';
12              i = (int)c;
13              Console.WriteLine("字符:{0},Unicode 转义序列:\\u{1}",
14                  c, i.ToString("x4"));
15          }
16      }
17  }
```

代码解释：

（1）第 7 行代码定义了 char 型变量 c，以 Unicode 字符转义序列形式赋值。\u0070 是字母 p 的 Unicode 字符转义序列。

（2）第 8 行代码将字符变量 c 进行 int 类型转换，得到其十进制形式的 Unicode 编码，赋给变量 i。

（3）第 9 行代码输出字符 c 及其十六进制形式的 Unicode 字符转义序列。{0}为第 1 个参数 c 的占位符，{1}为第 2 个参数 i 的占位符。x4 表示将 i 转成 4 位十六进制数。

程序运行结果如图 2-1 所示。

图 2-1　Unicode 字符转义序列演示程序运行结果

关于 Unicode 字符转义序列出现在标识符的例子，可参见 2.1.2 小节。

2.1.2　标识符

标识符就是程序员自定义的具有某种特定含义的名字，如变量名、方法名和类名等。在 C#语言中关于标识符的命名要注意以下三点。

（1）标识符通常以英文字母（注意大小写敏感）、数字和下划线命名，但是下划线只能作为初始字符。

（2）标识符中允许出现 Unicode 字符转移序列。

（3）允许以@字符作为前缀以使 C#关键字作为标识符。

通常标识符的命名要考虑到含义自说明，因此可能使用两个或多个英文单词的组合。为了使标识符含义一目了然，可以将其中每个单词的首字母转成大写，或者在单词之间使用下划线以示区分。标识符中可以出现汉字，但不推荐。下面是几个合法标识符的例子。

```
Price
StudentName
_Score
@if
\u0041bc
Mobile3
```

2.1.3　关键字

C#关键字就是对编译器具有特殊意义的预定义保留标识符。它不能在程序中作为标识符，除非使用了@字符作为前缀。C#关键字分为两种：全局关键字和上下文关键字。

1. 全局关键字

C#全局关键字在程序的任何部分都是保留标识符，共有 77 个，如表 2-1 所示。

表 2-1　C♯全局关键字

abstract	as	base	bool
break	byte	case	catch
char	checked	class	const
continue	decimal	default	delegate
do	double	else	enum
event	explicit	extern	false
finally	fixed	float	for
foreach	goto	if	implicit
in	int	interface	internal
is	lock	long	namespace
new	null	object	operator
out	override	params	private
protected	public	readonly	ref
return	sbyte	sealed	short
sizeof	stackalloc	static	string
struct	switch	this	throw
true	try	typeof	uint
ulong	unchecked	unsafe	ushort
using	virtual	void	volatile
while			

2. 上下文关键字

C♯上下文关键字仅在上下文中具有特定含义,离开上下文环境可以作为标识符存在,共有 23 个,如表 2-2 所示。

表 2-2　C♯上下文关键字

add	alias	assending	async
await	descending	dynamic	from
get	global	group	into
join	let	orderby	partial
remove	select	set	value
var	where	yield	

2.2　数　据　类　型

一个程序的执行需要 CPU 和内存,而程序员在写这个程序时对内存的申请主要就是通过声明变量的数据类型来完成的。数据类型不仅指明了要申请多少字节的内存,而且规定了什么样的数据可以存放在该内存中。由此看来,要编写好 C♯程序就一定要先掌握好

C#语言的类型系统。

2.2.1　数据类型分类

C#语言有一个统一的类型系统，也就是说，几乎所有的数据类型（除了接口）均继承于一个称为 Object 的根类。注意，Object 类来自 .NET 框架类库，而 object 是 Object 类的别名，它是 C#语言的关键字，编程时二者通用。根据对内存的使用方式不同，数据类型主要分成两类：值类型和引用类型。通过图 2-2 可以先初步了解 C#语言中数据类型的概貌。

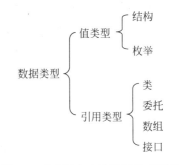

图 2-2　C#语言中的数据类型概貌

值类型和引用类型的区别在于值类型变量直接存储了它们的数据，而引用类型变量只保存了指向它们数据的引用（即地址）。在 C#语言中，内存有栈内存和堆内存之分，如果声明一个值类型变量，系统将会在栈内存中分配空间来存储变量值；如果声明一个引用类型变量，系统将会在栈内存中分配空间来存储访问变量值的引用，而在堆内存中分配空间来存储变量值。

变量声明的基本语法很简单，只需要指定变量的类型和名称即可，代码如下。

```
type varName;
```

其中，类型可以是任何值类型或引用类型。另外，变量的名字必须是合法的标识符，允许的符号包括字母、数字、下划线和@符号，不能以数字开头。由于变量可能是两个或多个单词的组合，所以有人习惯在单词之间用下划线连接以便于区分。实际上，用单词的首字母大写来区分更好，毕竟下划线增加了变量的长度。当然，这完全由程序员自己决定。@符号主要用来把关键字变成标识符。另外，标识符里允许有 Unicode 字符转义序列，即\u 或\U 字符加上十六进制数构成的 Unicode 字符。下面是正确变量名的几个例子。

```
StudentName
_Score
Telephone1
@class
\u0041bc
```

声明变量的位置不同，变量的作用域也会不同。而且声明变量时是否使用修饰符也会影响变量的作用。关于变量的作用域和修饰符的介绍，可参见第 3 章。

C#语言中的值类型分为结构类型和枚举类型，下面从结构类型开始介绍。

2.2.2　结构类型

结构类型有预定义和自定义之分，本节讲预定义结构类型，它也叫简单类型，主要包括整数类型、浮点数类型、decimal 类型、bool 类型和 char 类型。

1. 整数类型

整数类型有 8 种：sbyte、byte、short、ushort、int、uint、long、ulong。它们的默认值皆为零。这些关键字只是预定义结构类型在 System 命名空间里的别名，它们的长度及范围如

表 2-3 所示。

表 2-3　C#语言中的整数类型

类型关键字	长　度	范　围	预定义结构类型
sbyte	有符号 8 位整数	$-128 \sim 127$	System. SByte
byte	无符号 8 位整数	$0 \sim 255$	System. Byte
short	有符号 16 位整数	$-32768 \sim 32767$	System. Int16
ushort	无符号 16 位整数	$0 \sim 65535$	System. UInt16
int	有符号 32 位整数	$-2147483648 \sim 2147483647$	System. Int32
uint	无符号 32 位整数	$0 \sim 4294967295$	System. UInt32
long	有符号 64 位整数	$-9223372036854775808 \sim$ 9223372036854775807	System. Int64
ulong	无符号 64 位整数	$0 \sim 18446744073709551615$	System. UInt64

2. 浮点数类型

浮点数类型有两种,即 float 和 double,其中 float 类型的默认值为 0.0f,double 类型的默认值为 0.0d。它们的长度及范围如表 2-4 所示。

表 2-4　C#语言中的浮点数类型

类型关键字	长　度	范　围	预定义结构类型名
float	32 位浮点值	$\pm 1.5 \times 10^{-45} \sim \pm 3.4 \times 10^{38}$	System. Single
double	64 位浮点值	$\pm 5.0 \times 10^{-324} \sim \pm 1.7 \times 10^{308}$	System. Double

用浮点数类型声明变量时,要注意下面两点。

(1) 默认情况下,赋值运算符右侧的浮点数被视为 double 类型,所以在初始化 float 类型变量时必须使用后缀 f 或 F,例如:

```
float x = 3.5F;
```

(2) 如果希望整数被视为 double 类型,则在初始化 double 类型变量时,可使用后缀 d 或 D,但不是必须使用,例如:

```
double x = 3D;
```

3. decimal 类型

decimal 类型适用于金融和货币的计算,可以表示拥有 28、29 位有效数字的值,默认值为 0.0m。它的长度及范围如表 2-5 所示。

表 2-5　C#语言中的 decimal 类型

类型关键字	长　度	范　围	预定义结构类型名
decimal	128 位实数值	$\pm 1.0 \times 10^{-28} \sim \pm 7.9 \times 10^{28}$	System. Decimal

用 decimal 类型声明变量时,要注意下面两点。

(1) 如果希望实数被视为 decimal 类型,则在初始化 decimal 类型变量时,要使用后缀

11

m 或 M。例如：

```
decimalsalary = 3125.5m;
```

（2）同浮点数类型相比，decimal 类型具有更高的精度和更小的范围，所以从浮点数类型转换到 decimal 类型有可能会发生溢出，而从 decimal 类型转换到浮点数类型则可能会丢失精度。

4. bool 类型

bool 类型表示布尔逻辑，其长度和范围如表 2-6 所示。

表 2-6 C♯语言中的 bool 类型

类型关键字	长　　度	范　　围	预定义结构类型名
bool	8	true，false	System. Boolean

5. char 类型

char 类型表示 Unicode 字符集，其长度和范围如表 2-7 所示。

表 2-7 C♯语言中的 char 类型

类型关键字	长　　度	范　　围	预定义结构类型名
char	无符号 16 位整数	0～65535	System. Char

用 char 类型声明变量时，要注意下面事项。

对 char 类型的变量赋值时，赋值运算符右侧可以写成字符常量、十六进制形式、强制转换整数形式和 Unicode 形式。例如：

```
char char1 = 'A';          //字符常量
char char2 = '\x0041';     //十六进制形式
char char3 = (char)65;     //强制转换整数形式
char char4 = '\u0041';     //Unicode 形式
```

下面的程序演示上述预定义结构类型的使用方法。

程序清单：codes\02\StructTypeDemo\Program. cs

```
1   namespace StructTypeDemo
2   {
3       class Program
4       {
5           static void Main(string[] args)
6           {
7               Console.WriteLine("结构类型演示程序");
8               Console.WriteLine(" =============================== ");
9               //整数类型
10              sbyte sb = 20;
11              byte b = 21;
12              short s = 22;
13              ushort us = 23;
14              int i = 24;
```

```
15          uint ui = 25;
16          long l = 26;
17          ulong ul = 27;
18          Console.WriteLine("整数类型：sb = {0},b = {1},s = {2},us = {3}" +
19              ",i = {4},ui = {5},l = {6},ul = {7}",sb,b,s,us,i,ui,l,ul);
20          //浮点数类型
21          float f = 3.5f;
22          double d = 3D;
23          Console.WriteLine("浮点数类型：f = {0},d = {1}",f,d);
24          //decimal 类型
25          decimal m = 3125.5m;
26          Console.WriteLine("decimal 类型：m = {0}",m);
27          //bool 类型
28          bool bo = true;
29          Console.WriteLine("bool 类型：bo = {0}",bo);
30          //char 形式
31          char c1 = 'A';
32          char c2 = '\x0041';
33          char c3 = (char)65;
34          char c4 = '\u0041';
35          Console.WriteLine("char 类型：c1 = {0},c2 = {1},c3 = {2},c4 = {3}",
36              c1,c2,c3,c4);
37          Console.WriteLine();
38      }
39   }
40 }
```

代码解释：

（1）注意在给浮点数类型和 decimal 类型变量赋值时，后缀的使用要正确。

（2）第 31 行～第 34 行代码演示了 char 类型变量初始化的几种形式，注意体会。

程序运行结果如图 2-3 所示。

图 2-3　结构类型演示程序运行结果

2.2.3　枚举类型

枚举类型主要用来为一组离散的整型数值起别名，自定义枚举类型使用 enum 关键字，每种枚举类型都有基础类型，基础类型可以是任何整数类型。

枚举类型的默认基础类型为 int，第一个枚举数的值为 0，后面每个枚举数的值依次加 1。由于枚举也是数据类型，因此可以像使用其他数据类型那样使用枚举来定义变量。下面看一个枚举类型使用方面的例子。

13

程序清单：codes\02\EnumTypeDemo\Program.cs

```
1   namespace EnumTypeDemo
2   {
3       enum TeacherRankType:short          //教师职称类型,指定基础类型为 short
4       {
5           TeachingAssistant,              //助教,默认值 0
6           Lecturer,                       //讲师,默认值 1
7           AssociateProfessor,             //副教授,默认值 2
8           Professor                       //教授,默认值 3
9       }
10      class Program
11      {
12          static int GetSalary(TeacherRankType trt)
13          {
14              int salary = 0;
15              switch (trt)
16              {
17                  case TeacherRankType.TeachingAssistant:
18                      salary = 1500;
19                      break;
20                  case TeacherRankType.Lecturer:
21                      salary = 2500;
22                      break;
23                  case TeacherRankType.AssociateProfessor:
24                      salary = 3500;
25                      break;
26                  case TeacherRankType.Professor:
27                      salary = 4500;
28                      break;
29              }
30              return salary;
31          }
32          static void Main(string[] args)
33          {
34              Console.WriteLine("枚举类型演示程序");
35              Console.WriteLine(" ====================== ");
36              Console.WriteLine("副教授工资:{0}",
37                  GetSalary(TeacherRankType.AssociateProfessor));
38              Console.WriteLine();
39          }
40      }
41  }
```

代码解释：

（1）第 3 行～第 9 行代码定义了枚举类型 TeacherRankType,并指定基础类型为 short 类型。如果未指定基础类型,则默认为 int 类型。每个枚举值可以指定特定值,此处没有指定则采用默认值,自 0 开始,后续每个依次加 1。

（2）第 12 行～第 31 行代码定义了 GetSalary()方法,方法参数就是枚举类型,要注意揣摩方法中枚举类型的使用方法。

程序运行结果如图 2-4 所示。

图 2-4　枚举类型演示程序运行结果

2.2.4　引用类型

引用类型有 4 种:类、接口、委托和数组。

1. 类

类是一种数据结构,它包含了数据成员(常量和字段)和方法成员(方法、属性、事件、索引器、操作符、构造方法和析构方法)以及嵌套类型。C#语言用类来表示现实世界中的实体,用类的数据成员描述实体的状态,用类的方法成员描述实体的动作和实体间的关系。总之,类是 C#语言进行面向对象编程的核心,是分析问题和解决问题出发点。关于类的详细内容,读者可参考第 3 章。

2. 接口

接口是一份契约,实现接口的类必须严格遵守这份契约。C#语言虽然仅支持单重继承,不支持多重继承,但是它允许一个类实现多个接口,这样,就可以通过实现多个接口来完成多重继承才能实现的功能。关于接口的详细内容,读者可参考第 3 章。

3. 委托

C#语言没有像 C++ 那样的方法指针,在需要使用方法指针的场合,C#语言采用委托类型来模拟,这种模拟是成功的,它是完全面向对象的。关于委托的详细内容,读者可参考第 3 章。

4. 数组

数组是一种包含多个元素的数据结构,它的每个元素的数据类型都相同,访问这些元素要计算它们的下标,这些元素所占用的内存空间物理上要连续,当然,数组的元素类型可以是任何类型。关于数组的详细内容,读者可参考本章 2.6 节。

除了接口,其他数据类型均直接或间接继承于 Object 类。关于 C#语言中数据类型的详细情况如图 2-5 所示。

关于图 2-5,有两点需要说明。

（1）所有结构类型和枚举类型均继承于 ValueType 类,属于值类型,存储变量值时使用栈内存。

（2）所有委托类型均继承于 Delegate 类;所有数组均继承于 Array 类;所有类类型直接或间接继承于 Object 类,它们都属于引用类型,要使用托管堆内存存储变量值。接口虽然没有继承 Object 类,但也属于引用类型,也使用托管堆内存存储变量值。

15

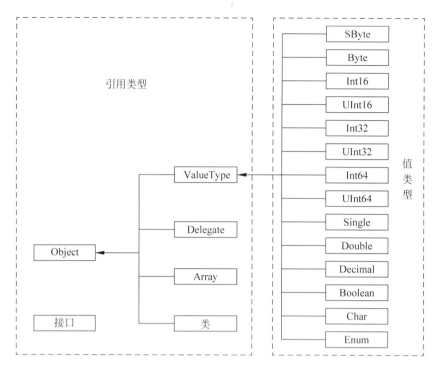

图 2-5　C♯语言数据类型继承层次图

2.3　类 型 转 换

类型转换就是将 A 类型的数据赋值给 B 类型的变量时,需要先将 A 类型的数据转换成 B 类型的数据,然后再赋值给 B 变量。类型转换有两种:一种是隐式转换(又称自动转换);另一种是显式转换(又称强制转换)。隐式转换一定能成功,显式转换则有可能不成功。

2.3.1　隐式转换

隐式转换主要包括如下几种情况。

1. 隐式数字转换

隐式数字转换情况如表 2-8 所示。

在表 2-8 中,A 代表要转换的数据类型,B 代表目标数据类型。其中,有阴影的单元格表示 A 和 B 的数据类型相同,无须类型转换。总结表 2-8 可知,隐式数字转换有如下规律。

(1) B 类型所占内存空间通常要大于 A 类型的内存空间,这就好比一碗水要倒进一个盆里,盆的容积总要大于碗的容积。

(2) 有符号的数据类型(加粗显示)只能隐式转换成有符号的数据类型,而无符号的数据类型则没有这个限制。

另外,char 类型可以隐式转换成 ushort、int、uint、long、ulong、float、double、decimal 数据类型。

表 2-8 隐式数字转换一览表

A\B	sbyte	byte	short	ushort	int	uint	long	ulong	float	double	decimal
sbyte			√		√		√		√	√	√
byte			√	√	√	√	√	√	√	√	√
short					√		√		√	√	√
ushort					√	√	√	√	√	√	√
int							√		√	√	√
uint							√	√	√	√	√
long									√	√	√
ulong									√	√	√
float										√	
double											
decimal											

关于隐式数字转换可参看下面几行样例代码：

```
sbyte sb = -10;
short s = sb;          //s = -10
ushort us = 20;
int i = us;            //i = 20
uint ui = 2000;
float f = ui;          //f = 2000
char c = 'A';
int ic = c;            //ic = 65
```

2. 隐式引用转换

隐式引用转换主要包括两种情况：任何引用类型到 Object 类型的转换和任何子类到父类的转换。下面的程序演示了子类到父类的隐式转换情况。

程序清单：codes\02\ImplicitReferenceConversionDemo\Program.cs

```
1    namespace ImplicitReferenceConversionDemo
2    {
3        class Animal
4        {
5            public int Age;
6            public virtual void Run()
7            {
8                Console.WriteLine("动物在跑...");
9            }
10       }
11       class Dog : Animal
12       {
13           public override void Run()
14           {
```

```
15              Console.WriteLine("这只{0}岁的狗正在奔跑...", Age);
16          }
17      }
18  class Program
19  {
20      static void Main(string[] args)
21      {
22          Console.WriteLine("隐式引用类型转换演示程序");
23          Console.WriteLine(" ======================== ");
24          Animal ani;
25          Dog dog = new Dog();
26          ani = dog;          //隐式引用转换
27          ani.Age = 3;
28          ani.Run();
29          Console.WriteLine();
30      }
31  }
32 }
```

代码解释：

（1）第 3 行～第 10 行代码定义了一个父类 Animal，它包含一个公共的 Age 字段和虚拟的 Run()方法。

（2）第 11 行～第 17 行代码定义了一个 Dog 类，它继承了 Animal 类，并重写了父类中的 Run()方法。

（3）第 24 行代码定义了一个 Animal 类型的变量 ani，注意未初始化。

（4）第 25 行代码创建了一个 Dog 类型的对象变量 dog。

（5）第 26 行代码将变量 dog 赋值给 Aniaml 类型变量 ani，注意，这就是隐式引用转换。

（6）第 27 行和第 28 行代码通过变量 ani 引用了 dog 对象的 Age 字段和 Run()方法。

程序运行结果如图 2-6 所示。

图 2-6　隐式引用类型转换演示程序运行结果

3. 装箱转换

值类型可以隐式转换成 Object 类型，这叫作装箱转换，见下面的示例代码。

```
int i = 10;
Object obj = i;                         //装箱转换
Console.WriteLine("obj = {0}", obj);   //obj = 10
```

2.3.2　显式转换

隐式转换是无损失转换，显式转换就不一定了，如果出现了问题，程序员要自己负责。显示类型转换在语法上要通过“(目标类型)”操作符来实现，见下面的例子：

```
int i = 200;
byte b = (int)i;
```

显示转换主要包括如下几种情况。

1. 显式数字转换

显示数字转化也可参考表 2-8,上面除了能隐式转换的,剩余的(对角线上的阴影单元格除外)都需要显示转换。

2. 显式引用转换

显式引用转换主要包括两种情况:Object 类型到任何引用类型的转换和任何父类到子类的转换。

3. 拆箱转换

Object 类型到值类型的转换叫作拆箱转换。

显示转换是隐式转换的逆转换,这种转换需要程序员自己负责转换的正确性,因此要格外谨慎。下面举一个显示转换的例子。

程序清单:codes\02\ExplicitConversionDemo\Program. cs

```
1   namespace ExplicitConversionDemo
2   {
3       class Program
4       {
5           static void Main(string[] args)
6           {
7               Console.WriteLine("显式类型转换演示程序");
8               Console.WriteLine(" ===================== ");
9               int i = 256;                //i = (00000000 00000000 00000001 00000000)b
10              byte b = (byte)i;          //b = (00000000)b
11              Console.WriteLine("i = {0},b = {1}",i,b);
12              Console.WriteLine();
13          }
14      }
15  }
```

代码解释:

(1)第 9 行代码定义了一个 int 类型变量 i,并初始化为 256,注释部分是其二进制表示形式。

(2)第 10 行代码定义了一个 byte 类型变量 b,将 i 赋值给 b 就需要强制类型转换,由于 int 类型变量占用 4 字节内存,而 byte 类型变量占用 1 字节内存,所以在将 int 类型变量赋值给 byte 类型变量时,需要将 int 类型变量的高位 3 字节丢弃,结果变量 b 得到的就是变量 i 的最低位字节,i 虽然是 256,但 b 却是 0。

程序运行结果如图 2-7 所示。

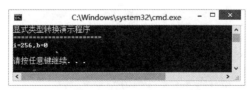

图 2-7　显示类型转换演示程序运行结果

19

2.4　操作符与表达式

操作符指明了要对操作数进行何种操作。C#语言的操作符有 3 种：一元操作符、二元操作符和三元操作符。

2.4.1　一元操作符

一元操作符只接受一个操作数，并且只作为前缀符号（比如－x）或后缀符号（比如 x++）来使用。

一元操作符一共有 7 种：＋（正数操作符）、－（负数操作符）、!（逻辑否操作符）、～（按位取反操作符）、＋＋（递增操作符）、－－（递减操作符）和（）（强制类型转换操作符）。一元操作符的运算规则如表 2-9 所示。

表 2-9　一元操作符的运算规则

操　作　符	典 型 操 作	运　算　规　则
＋	＋x	返回 x 本身
－	－x	返回 x 的负数
!	!　x	计算 x 的逻辑结果，如果为真，则返回假；如果为假，则返回真
～	～x	将操作数按位取反，然后返回结果
＋＋	++x 或 x++	++x 是先对 x 加 1，然后返回 x；x++ 则是先返回 x，然后再对 x 加 1
－－	--x 或 x--	--x 是先对 x 减 1，然后返回 x；x-- 则是先返回 x，然后再对 x 减 1
（）	(type)x	将 x 强制转换成 type 类型

下面的程序演示了一元操作符的使用方法。

程序清单：codes\02\UnaryOperatorDemo\Program.cs

```
1    namespace UnaryOperatorDemo
2    {
3        class Program
4        {
5            static void Main(string[] args)
6            {
7                Console.WriteLine("一元操作符演示程序");
8                Console.WriteLine(" ==================== ");
9                bool b = true;
10               Console.WriteLine("b={0},!b={1}", b, !b);        //false
11               int x = 10;
12               Console.WriteLine("x={0}", x);                   //10
13               Console.WriteLine(" + x={0}", + x);              //10
14               Console.WriteLine(" - x={0}", - x);              //-10
15               Console.WriteLine("～x={0}",～x);                 //-11
16               Console.WriteLine("++x={0}", ++x);               //11
17               Console.WriteLine("x++={0}", x++);               //11
18               Console.WriteLine(" --x={0}", --x);              //11
19               Console.WriteLine("x--={0}", x-- );              //11
20               Console.WriteLine("x={0}", x);                   //10
```

```
21          short s;
22          s = (short)x;
23          Console.WriteLine("s = {0}", s);              //10
24      }
25  }
26 }
```

代码解释：

（1）第 9 行代码定义了一个 bool 类型的变量 b，并初始化为 true。

（2）第 10 行代码输出！b，结果为 false。

（3）第 11 行代码定义了 int 类型变量 x，初始化为 10。

（4）第 13 行代码输出＋x，结果为 10。

（5）第 14 行代码输出－x，结果为－10。

（6）第 15 行代码输出～x，结果为－11，～是按位取反操作符，由于 x 为 10，转成二进制为 00000000 00000000 00000000 00001010，按位取反后为 11111111 11111111 11111111 11110101，再将其转成十进制即为－11。

（7）第 16 行代码输出++x，由于之前 x 为 10，因此++x 将先对 x 加 1，然后输出 x，因此 x 为 11，输出 11。

（8）第 17 行代码输出 x++，由于之前 x 为 11，因此 x++将先输出 x，然后对 x 加 1，因此输出 11，x 为 12。

（9）第 18 行代码输出--x，由于之前 x 为 12，因此--x 将先对 x 减 1，然后输出 x，因此 x 为 11，输出 11。

（10）第 19 行代码输出 x--，由于之前 x 为 11，因此 x--将先输出 x，然后对 x 减 1，因此输出 11，x 为 10。

（11）第 20 行代码输出 x 的值，结果为 10。

（12）第 21 行代码声明了一个 short 类型的变量 s。

（13）第 22 行代码将 int 类型变量 x 赋值给 short 类型变量 s，这就需要类型的强制转换，语法为(short)。

（14）第 23 行代码输出 s 变量，结果为 10，说明这次强制类型转换，结果未失真，但是程序员在使用强制类型转换时要格外谨慎，因为结果不能保证每次都正确。

程序运行结果如图 2-8 所示。

图 2-8　一元操作符演示程序运行结果

2.4.2　二元操作符

二元操作符接受两个操作数，只用作中缀符号（比如 x＋y），主要包括 5 种：算术操作符、关系操作符、逻辑操作符、移位操作符和赋值操作符。

1. 算术操作符

算术操作符有 5 种：＋（加法操作符）、－（减法操作符）、*（乘法操作符）、/（除法操作符）和％（求余操作符），算术操作符的运算规则如表 2-10 所示。

表 2-10　算术操作符的运算规则

操　作　符	典　型　操　作	运　算　规　则
＋	x＋y	如果 x 和 y 为数字，结果求 x 和 y 的和；如果 x 和 y 中有一个为 string 类型，则结果为字符串连接
－	x－y	结果求 x 和 y 的差
*	x * y	结果求 x 和 y 的积
/	x/y	如果 x 和 y 为整数，结果将截断取整；如果 x 和 y 中有一个为浮点数，则结果将四舍五入地保留小数
％	x％y	结果求 x 和 y 相除后的余数

下面看一下算数操作符演示程序。

程序清单：codes\02\ArithmeticOperatorDemo\Program.cs

```
1    namespace ArithmeticOperatorDemo
2    {
3        class Program
4        {
5            static void Main(string[ ] args)
6            {
7                Console.WriteLine("算术操作符演示程序");
8                Console.WriteLine(" ================= ");
9                int x = 100,y = 30;
10               Console.WriteLine("x = {0},y = {1},x + y = {2},x - y = {3},x * y = {4},
11                   x/y = {5},x % y = {6}",x, y,x + y,x - y,x * y,x/y,x % y);
12               Console.WriteLine();
13           }
14       }
15   }
```

代码解释：

（1）第 9 行代码声明了两个变量 x 和 y，其中，x 初始化为 100，y 初始化为 30，它们充当两个操作数。

（2）第 10 行和第 11 行代码分别演示了对 x 和 y 操作数进行的求和、求差、求积、求商和求余 5 种操作。

程序运行结果如图 2-9 所示。

2. 关系操作符

关系操作符有 6 种：＞（大于操作符）、＞＝（大于等于操作符）、＜（小于操作符）、＜＝

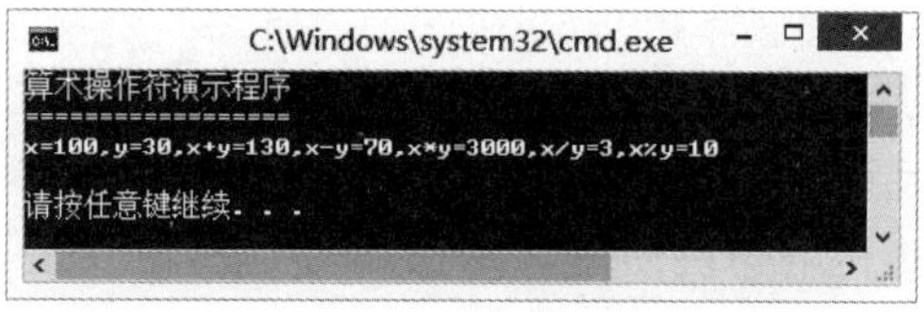

图 2-9　算术操作符演示程序运行结果

（小于等于操作符）、＝＝（等于操作符）和！＝（不等于操作符）。关系操作符的运算结果都是 bool 类型，具体的运算规则如表 2-11 所示。

表 2-11　关系操作符的运算规则

操　作　符	典　型　操　作	运　算　规　则
＞	x＞y	如果 x 大于 y，结果为 true，否则为 false
＞＝	x＞＝y	如果 x 大于等于 y，结果为 true，否则为 false
＜	x＜y	如果 x 小于 y，结果为 true，否则为 false
＜＝	x＜＝y	如果 x 小于等于 y，结果为 true，否则为 false
＝＝	x＝＝y	如果 x 等于 y，结果为 true，否则为 false
！＝	x！＝y	如果 x 不等于 y，结果为 true，否则为 false

下面看一下关系操作符的演示程序。

程序清单：codes\02\ComparisonOperatorDemo\Program.cs

```
1   namespace ComparisonOperatorDemo
2   {
3       class Program
4       {
5           static void Main(string[] args)
6           {
7               Console.WriteLine("比较操作符演示程序");
8               Console.WriteLine(" ============================== ");
9               Console.Write("请从键盘输入一个整数,然后按回车键:");
10              int x = int.Parse(Console.ReadLine());
11              if (x > 0)
12              {
13                  Console.WriteLine("正数");
14              }
15              else if (x == 0)
16              {
17                  Console.WriteLine("零");
18              }
19              else
20              {
21                  Console.WriteLine("负数");
22              }
23              Console.WriteLine();
24          }
25      }
26  }
```

23

代码解释：

（1）第 10 行代码通过 Console 类的 ReadLine()方法接收键盘输入,结果是字符串类型,回车表示输入结束,int 结构类型的 Parse()方法将接收的字符串转换成 int 类型。

（2）第 11 行代码通过 if 语句块使用"＞"操作符判断输入是否是正数,如果条件为真,说明是正数。

（3）第 15 行代码通过 else if 语句块使用"＝＝"操作符判断输入是否是 0,如果条件为真,说明是 0。

（4）第 19 行代码通过 else 语句块处理输入是负数的情况。

程序运行结果如图 2-10 所示。

图 2-10　关系操作符演示程序运行结果

3. 逻辑操作符

逻辑操作符包括 5 种：&（逻辑与操作符）、|（逻辑或操作符）、^（逻辑异或操作符）、&&（短路逻辑与操作符）和||（短路逻辑或操作符）。逻辑操作符的运算规则如表 2-12 所示。

表 2-12　逻辑操作符的运算规则

操 作 符	典 型 操 作	运 算 规 则
&	x&y	如果 x 和 y 均为真,则结果为真,否则结果为假
|	x|y	如果 x 和 y 均为假,则结果为假,否则结果为真
^	x^y	如果 x 和 y 相同,则结果为假,否则结果为真
&&	x&&y	结果同 &,但是如果 x 为假,则 y 无须再计算
||	x||y	结果同 |,但是如果 x 为真,则 y 无须再计算

下面看一下逻辑操作符的演示程序。

程序清单：codes\02\LogicalOperatorDemo\Program.cs

```
1   namespace LogicalOperatorDemo
2   {
3       class Program
4       {
5           static void Main(string[] args)
6           {
7               Console.WriteLine("逻辑操作符演示程序");
8               Console.WriteLine(" ========================== ");
9               bool b1 = true,b2 = false;
10              Console.WriteLine("b1&b2 = {0}", b1 & b2);        //false
11              Console.WriteLine("b1|b2 = {0}", b1 | b2);        //true
12              Console.WriteLine("b1^b2 = {0}", b1 ^ b2);        //true
```

```
13          Console.WriteLine("b1&&b2 = {0}", b1 && b2);       //false
14          Console.WriteLine("b1||b2 = {0}", b1 || b2);       //true
15          Console.WriteLine();
16      }
17   }
18 }
```

代码解释:

(1) 第 9 行代码定义了两个 bool 类型的变量 b1 和 b2,并分别初始化为 true 和 false。

(2) 第 10 行~第 14 行代码分别演示了 5 种逻辑操作符的使用方法。

程序运行结果如图 2-11 所示。

图 2-11　逻辑操作符演示程序运行结果

4. 移位操作符

移位操作符有 2 种: <<(左移操作符)和>>(右移操作符)。移位操作符的运算规则如表 2-13 所示。

表 2-13　移位操作符的运算规则

操　作　符	典　型　操　作	运　算　规　则
<<	x<<y	将 x 向左移 y 位,超出 x 类型范围的高位被丢弃,低位补 0
>>	x>>y	将 x 向右移 y 位,超出 x 类型范围的低位被丢弃,如果 x 是负数,则高位补 1,否则,高位补 0

下面看一下移位操作符的演示程序。

程序清单: codes\02\ShiftOperatorDemo\Program. cs

```
1  namespace ShiftOperatorDemo
2  {
3     class Program
4     {
5        static void Main(string[ ] args)
6        {
7           Console.WriteLine("移位操作符演示程序");
8           Console.WriteLine(" ========================= ");
9           int x1 = 10, x2 = -10, y = 3;
10          Console.WriteLine("x1 << y = {0}", x1 << y);       //80
11          Console.WriteLine("x1 >> y = {0}", x1 >> y);       //1
12          Console.WriteLine("x2 >> y = {0}", x2 >> y);       //-2
13          Console.WriteLine();
14       }
```

```
15    }
16  }
```

代码解释：

（1）第 9 行代码定义了 3 个 int 类型变量 x1、x2 和 y，并分别初始化为 10、−10 和 3，为了讲解方便，先将 x1 和 x2 的值转成二进制形式：

$$x1 = 10 = (00000000\ 00000000\ 00000000\ 00001010)b$$

$$x2 = -10 = (11111111\ 11111111\ 11111111\ 11110110)b$$

（2）第 10 行代码输出 x1<<y，表示将 x1 左移 3 位，结果为 00000000 00000000 00000000 01010000，转成十进制后即为 80。

（3）第 11 行代码输出 x1>>y，表示将 x1 右移 3 位，结果为 00000000 00000000 00000000 00000001，转成十进制后即为 1。注意，高位补 0。

（4）第 12 行代码输出 x2>>y，表示将 x2 右移 3 位，结果为 11111111 11111111 11111111 11111110，转成十进制后即为 −1。注意高位补 1。

程序运行结果如图 2-12 所示。

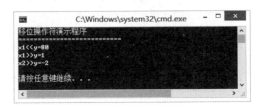

图 2-12 移位操作符演示程序运行结果

5. 赋值操作符

赋值操作符有 11 种：＝（赋值操作符）、＋＝（加赋值操作符）、−＝（减赋值操作符）、＊＝（乘赋值操作符）、/＝（除赋值操作符）、％＝（求余赋值操作符）、&＝（与赋值操作符）、|＝（或赋值操作符）、^＝（异或赋值操作符）、<<＝（左移赋值操作符）和>>＝（右移赋值操作符）。赋值操作符的运算规则如表 2-14 所示。

表 2-14 赋值操作符的运算规则

操 作 符	典 型 操 作	运 算 规 则
＝	x＝y	将 y 赋值给 x
＋＝	x＋＝y	计算 x 加上 y，将和赋给 x
−＝	x−＝y	计算 x 减去 y，将差赋给 x
＊＝	x＊＝y	计算 x 乘以 y，将积赋给 x
/＝	x/＝y	计算 x 除以 y，将商赋给 x
％＝	x％＝y	将 x 用 y 求余，将余数赋给 x
&＝	x&＝y	将 x 和 y 做"与"操作，然后将结果赋给 x
|＝	x|＝y	将 x 和 y 做"或"操作，然后将结果赋给 x
^＝	x^＝y	将 x 和 y 做"异或"操作，然后将结果赋给 x
<<＝	x<<＝y	将 x 左移 y 位，然后将结果赋给 x
>>＝	x>>＝y	将 x 右移 y 位，然后将结果赋给 x

下面看一下赋值操作符的演示程序。

程序清单：codes\02\AssignmentOperatorDemo\Program. cs

```
1   namespace AssignmentOperatorDemo
2   {
3       class Program
4       {
5           static void Main(string[] args)
6           {
7               Console.WriteLine("赋值操作符演示程序");
8               Console.WriteLine(" ============================= ");
9               int x = 10, y = 3;
10              x = y;
11              Console.WriteLine(" = 操作符：x = {0}", x);          //3
12              x += y;
13              Console.WriteLine(" += 操作符：x = {0}", x);          //6
14              x -= y;
15              Console.WriteLine(" -= 操作符：x = {0}", x);          //3
16              x * = y;
17              Console.WriteLine(" * = 操作符：x = {0}", x);          //9
18              x /= y;
19              Console.WriteLine("/ = 操作符：x = {0}", x);          //3
20              x % = y;
21              Console.WriteLine(" % = 操作符：x = {0}", x);          //0
22              //重新对 x 和 y 初始化
23              x = 10;                 // (00000000 00000000 00000000 00001010)b
24              y = 3;                  // (00000000 00000000 00000000 00000011)b
25              x &= y;                 // (00000000 00000000 00000000 00000010)b
26              Console.WriteLine("& = 操作符：x = {0}", x);     //2
27              //重新对 x 和 y 初始化
28              x = 10;                 // (00000000 00000000 00000000 00001010)b
29              y = 3;                  // (00000000 00000000 00000000 00000011)b
30              x | = y;                // (00000000 00000000 00000000 00001011)b
31              Console.WriteLine("| = 操作符：x = {0}", x);     //11
32              //重新对 x 和 y 初始化
33              x = 10;                 // (00000000 00000000 00000000 00001010)b
34              y = 3;                  // (00000000 00000000 00000000 00000011)b
35              x ^ = y;                // (00000000 00000000 00000000 00001001)b
36              Console.WriteLine("^ = 操作符：x = {0}", x);     //9
37              //重新对 x 和 y 初始化
38              x = 10;                 // (00000000 00000000 00000000 00001010)b
39              y = 3;
40              x <<= y;        // (00000000 00000000 00000000 01010000)b
41              Console.WriteLine("<< = 操作符：x = {0}", x);     //80
42              //重新对 x 和 y 初始化
43              x = 10;                 // (00000000 00000000 00000000 00001010)b
44              y = 3;
45              x >>= y;                // (00000000 00000000 00000000 00000001)b
46              Console.WriteLine(">> = 操作符：x = {0}", x);     //1
47          }
48      }
49  }
```

代码解释：

（1）第9行代码声明了两个int类型变量x和y，并初始化为10和3。

（2）第10行~第21行代码分别演示了"="、"＋="、"－="、"＊="、"/="和"％="6种操作符的使用方法，由于每个操作符都影响x值，所以大家要注意每步执行后x值的变化。

（3）第23行和第24行对x和y重新初始化。

（4）第25行演示了"&="操作符的使用方法，大家要注意看x和y的二进制表示形式。

（5）第28行~第31行代码演示了"|="操作符的使用方法。

（6）第33行~第36行代码演示了"^="操作符的使用方法。

（7）第38行~第41行代码演示了"<<="操作符的使用方法。

（8）第43行~第46行代码演示了">>="操作符的使用方法。

程序运行结果如图2-13所示。

图2-13　赋值操作符演示程序运行结果

2.4.3　三元操作符

三元操作符接受三个操作数，作为中缀符号（例如 b?x:y）使用。它只有1种："?:（条件操作符）"。它的运算规则如表2-15所示。

表2-15　条件操作符的运算规则

操　作　符	典　型　操　作	运　算　规　则
?：	b?x:y	如果b为真，返回x的计算结果，否则返回y的计算结果。注意，x和y不会同时计算

下面看一下条件操作符的演示程序。

程序清单：codes\02\ConditionalOperatorDemo\Program.cs

```
1    namespace ConditionalOperatorDemo
2    {
3        class Program
4        {
5            static void Main(string[] args)
6            {
7                Console.WriteLine("条件操作符演示程序");
8                Console.WriteLine(" ========================= ");
```

```
9              Console.Write("请输入一个数字：");
10             int n = int.Parse(Console.ReadLine());
11             string info;
12             info = n > 0 ? "正数":(n == 0?"0":"负数");
13             Console.WriteLine("你输入的是{0}", info);
14         }
15     }
16 }
```

代码解释：

（1）第 9 行代码输出提示性文字："请输入一个数字："。注意，它没有换行。

（2）第 10 行接收键盘输入并将其转成 int 类型赋给变量 n。

（3）第 12 行较复杂，它使用了"？："操作符嵌套，先执行括弧内的条件操作符，假设 n＝－30，那么括弧内的条件操作符运算后将返回"负数"，然后再执行外层的条件操作符，最终结果 info 等于"负数"。程序运行结果如图 2-14 所示。

图 2-14　条件操作符演示程序运行结果

2.4.4　操作符优先级和结合性

如果一个表达式中出现了多个操作符，则优先级高的先执行。在优先级相同的情况下，结合性决定执行顺序。如果操作符是左结合的，表达式就从左至右执行；如果操作符是右结合的，表达式就从右至左执行。

操作符的优先级和结合性如表 2-16 所示。

表 2-16　操作符的优先级和结合性

操作符类别	操作符（优先级由高至低）	结合性
一元操作符	x++　　x--	右结合
	＋－　！　～　++x　--x　(type)x	
算术操作符	*　/　%	左结合
	＋　－	
移位操作符	<<　>>	
比较操作符	<　>　<=　>=	
	==　!=	
逻辑操作符	&	
	^	
	&&	

操作符类别	操作符(优先级由高至低)	结合性
条件操作符	? :	右结合
赋值操作符	= *= /= %= += -= <<= >>= &= ^= |=	

2.4.5　表达式

表达式是由操作数和操作符组成的序列,它可以计算并能求出值,操作数可以是常量、变量、方法调用和属性等。下面的示例中,赋值操作符右侧带阴影的部分均为表达式。

```
const double PI = 3.14;        //字面常量值构成的表达式
int r = 10;                    //字面常量值构成的表达式
double area = PI * r * r;      //由常量、* 操作符和变量 r 构成的表达式
Math m = new Math();           //由 new 操作符和构造方法构成的表达式
int sum = m.Add(10,20);        //对象变量 m 调用 Add()方法构成的表达式
```

表达式主要用来构造各种语句,以表达应用逻辑。

2.5　流　程　控　制

程序由各种语句构成,如果一条语句能被执行到,那么这条语句就是可达的,否则就是不可达的。一个块由一个包含在大括号里的语句列表组成,如果省略了语句列表,这个块就是空的。语句列表就是一个或多个语句序列,每个语句以分号结束。

C#语言中的语句很丰富,主要包括5种：声明语句、选择语句、循环语句、跳转语句和异常处理语句。

2.5.1　声明语句

声明语句可用来定义变量和常量。

1. 变量声明

变量声明表示申请一块内存,用来存储某种类型的数据。声明变量的基本语法格式如下：

数据类型 变量名[= 变量值];

其中,数据类型定义了内存大小和合法的数据种类;变量名要求是一个合法的标识符;"＝"符号用于给变量赋值。声明变量的同时,赋予其一个变量值称为初始化,这是可选的。下面举几个变量声明的例子。

```
int x;
double d = 10.1;
public string name = "孔子";
```

2. 常量声明

常量可以理解为一种特殊的变量,不过它只允许赋一次值,以后不能再修改。声明常量

的语法格式如下。

```
const 数据类型 常量名 = 常量值;
```

下面是常量声明的例子。

```
const string MotherLand = "中国";
public const double PI = 3.14;
```

2.5.2　选择语句

选择语句也叫分支语句,它包括 if 语句和 switch 语句。其中前者适合处理较少分支的情况,后者则在处理较多分支时使代码显得更简洁。不过,if 语句比 switch 语句更通用。

1. if 语句

if 语句有如下 3 种形式。

(1) if...形式。这是单分支形式,具体格式如下。

```
if(布尔表达式)
{
    …
}
```

上述语句中,如果"布尔表达式"结果为真,则执行 if 语句块中的内容,否则跳过该语句块。

(2) if...else...形式。这是双分支形式,具体格式如下。

```
if(布尔表达式)
{
    …
}
else
{
    …
}
```

上述语句中,如果"布尔表达式"结果为真,则执行 if 语句块中的内容,否则执行 else 语句块中的内容。

(3) if...else if...else...形式。这是多分支形式,具体格式如下。

```
if(布尔表达式 1)
{
    …
}
else if(布尔表达式 2)
{
    …
}
else
```

31

```
    {
        …
    }
```

上述语句中，如果"布尔表达式1"结果为真，则执行 if 语句块中的内容；如果"布尔表达式2"结果为真，则执行 else if 语句块中的内容，否则执行 else 语句块中的内容。else if 语句块可以有多个。

下面看一个 if 语句的示例程序。

程序清单：codes\02\IfStatementDemo\Program. cs

```
1   namespace IfStatementDemo
2   {
3       class Program
4       {
5           static void Main(string[ ] args)
6           {
7               Console. WriteLine("if 语句演示程序");
8               Console. WriteLine(" ======================= ");
9               Console. Write("请输入一个整数: ");
10              int x = int. Parse(Console. ReadLine());
11              int y;
12              if (x > 0)
13              {
14                  y = x * x;
15              }
16              else if (x == 0)
17              {
18                  y = x;
19              }
20              else
21              {
22                  y = x * x * x;
23              }
24              Console. WriteLine("x = {0},y = {1}", x, y);
25              Console. WriteLine();
26          }
27      }
28  }
```

代码解释：

（1）第 10 行代码从键盘接收一个输入，然后将其转换成 int 类型，赋值给变量 x。

（2）第 12 行～第 15 行代码为 if 分支，如果 x 大于 0，y 等于 x 的平方。

（3）第 16 行～第 19 行代码为 else if 分支，如果 x 等于 0，y 等于 x。

（4）第 20 行～第 23 行代码为 else 分支，如果 x 小于 0，y 等于 x 的立方。

（5）第 24 行代码输出 x 和 y 的值。

程序运行结果如图 2-15 所示。

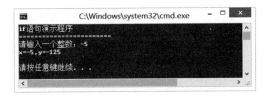

图 2-15　if 语句演示程序运行结果

2. switch 语句

如果分支较多,可以考虑使用 switch 语句。switch 语句的语法格式如下。

```
switch(表达式)
{
    case 常量表达式 1:
        …
        break;
    case 常量表达式 2:
        …
        break;
    …
    default:
        …
        break;
}
```

switch 语句的执行过程是这样的:首先计算 switch 表达式的值,然后将其与 switch 块内的几个 case 标签常量值进行对比;如果遇到相等的标签,则执行该标签下的语句序列,直至遇到 break 语句后跳出 switch 语句;如果没有遇到相等的标签,要看是否有 default 标签,有则执行 default 标签下的语句序列,没有则跳出 switch 语句。

switch 表达式的类型可以是整数类型、char 类型、string 类型、bool 类型和枚举类型;case 标签的常量表达式类型必须能隐式转换成 switch 表达式类型;break 语句用于跳出 switch 语句;一个 switch 语句至多有一个 default 标签。下面看一个 switch 语句的例子。

程序清单:codes\02\SwitchStatementDemo\Program.cs

```
1   namespace SwitchStatementDemo
2   {
3       class Program
4       {
5           static void Main(string[] args)
6           {
7               Console.WriteLine("switch 语句演示程序");
8               Console.WriteLine(" ============================== ");
9               Console.Write("今天是星期几(请输入英文单词的前三个字母)?");
10              string day = Console.ReadLine().ToLower();
11              string info;
12              switch (day)
13              {
14                  case "mon":
15                      info = "星期一";
```

```
16                  break;
17              case "tue":
18                  info = "星期二";
19                  break;
20              case "wed":
21                  info = "星期三";
22                  break;
23              case "thu":
24                  info = "星期四";
25                  break;
26              case "fri":
27                  info = "星期五";
28                  break;
29              case "sat":
30                  info = "星期六";
31                  break;
32              case "sun":
33                  info = "星期日";
34                  break;
35              default:
36                  info = "您输入的不对";
37                  break;
38          }
39          Console.WriteLine(info);
40          Console.WriteLine();
41      }
42  }
43 }
```

代码解释：

（1）第 10 行代码接收键盘输入的字符串，通过 ToLower()方法转成小写后赋给变量 day。

（2）第 12 行～第 38 行代码为 switch 语句块，当 day 同 case 标签常量完全匹配时，将执行该标签下的语句，然后通过 break 语句跳出 switch 语句。

（3）如果 day 与所有 case 标签常量都不匹配，程序将执行 default 标签下的语句，然后通过 break 跳出 switch 语句。

程序运行结果如图 2-16 所示。

图 2-16 switch 语句演示程序运行结果

2.5.3 循环语句

循环语句也称为迭代语句，可重复执行循环体块内包含的语句序列。C#语言的循环语句有 4 种：while 语句、do...while 语句、for 语句和 foreach 语句。

1．while 语句

while 语句的语法格式如下。

```
while(循环条件)
{
    …    //循环体
}
```

while 语句的循环条件是个布尔表达式，如果结果为 true，则开始执行循环体（即 while 块内的语句序列）代码，然后重新判断循环条件，如果结果仍为 true，则循环继续，直至结果为 false 为止。注意，需要在循环体中设置循环条件结束的代码，否则将陷入死循环。

2．do...while 语句

do...while 语句的语法格式如下。

```
do
{
    …
}
while(循环条件);
```

与 while 语句不同，do...while 语句首先执行循环体代码，然后判断循环条件，如果结果为 true，则开始循环，否则循环结束。注意，do...while 语句以分号结束。

3．for 语句

for 语句的语法格式如下。

```
for(循环变量初始化;循环条件;修改循环变量)
{
    …
}
```

如果已知循环次数，使用 for 语句要比 while/do...while 语句更容易理解；否则使用 while/do...while 语句更合理。当然，三者是完全可以互相取代的。下面看一个循环语句的例子。

程序清单：codes\02\IterationStatementDemo\Program. cs

```
1   namespace IterationStatementDemo
2   {
3       class Program
4       {
5           static void Main(string[] args)
6           {
7               Console.WriteLine("循环语句演示程序");
8               Console.WriteLine(" ============================== ");
9               int sum = 0;
10              int i = 1;
11              //while 语句
12              while (i <= 100)
13              {
```

```
14                    sum += i;
15                    i++;
16                }
17                Console.WriteLine("while 语句：1 + 2 + 3 + … + 100 = {0}", sum);
18                //do...while 语句
19                sum = 0;
20                i = 1;
21                do
22                {
23                    sum += i;
24                    i++;
25                }
26                while (i <= 100);
27                Console.WriteLine("do...while 语句：1 + 2 + 3 + … + 100 = {0}", sum);
28                //for 语句
29                sum = 0;
30                for (i = 1; i <= 100; i++)
31                {
32                    sum += i;
33                }
34                Console.WriteLine("for 语句：1 + 2 + 3 + … + 100 = {0}", sum);
35                Console.WriteLine();
36            }
37        }
38 }
```

代码解释：

（1）这个程序使用 3 种循环语句计算 $1+2+3+\cdots+100$ 的和，功能上没有差别。

（2）无论哪种循环都有 3 要素：循环控制变量初始化、循环条件判断和修改循环控制变量。只不过这 3 个要素在 3 种循环中的位置不一样。

程序运行结果如图 2-17 所示。

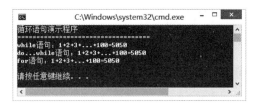

图 2-17 循环语句演示程序运行结果

4. foreach 语句

C#语言还有一种循环语句：foreach，它的语法格式如下。

```
foreach(数据类型变量 in 容器)
{
    …
}
```

foreach 语句中的容器通常是一个集合或数组，通过变量可以迭代容器中的每一个元素，然后为每一个元素执行循环体代码。下面看一下 foreach 语句演示程序。

程序清单：codes\02\ForeachStatementDemo\Program. cs

```
1    namespace ForeachStatementDemo
2    {
3        class Program
4        {
5            static void Main(string[] args)
6            {
7                Console. WriteLine("foreach 语句演示程序");
8                Console. WriteLine(" ======================== ");
9                string[] cities = { "北京市", "上海市", "天津市", "重庆市"};
10               foreach (string c in cities)
11               {
12                   Console. WriteLine(c);
13               }
14               Console. WriteLine();
15           }
16       }
17   }
```

代码解释：

（1）第 9 行代码声明了一维的 string 类型数组 cities，并做了初始化。

（2）第 10 行～第 13 行代码使用 foreach 语句遍历 cities 数组的每一个元素。

（3）foreach 语句同前面讲的 3 种循环语句不同，它仅能读元素，而不能修改元素。

程序运行结果如图 2-18 所示。

图 2-18　foreach 语句演示程序运行结果

2.5.4　跳转语句

跳转语句将控制指令无条件转移至目标位置。如果跳转语句处于某个块（例如 switch、while、do...while、for 和 foreach 等）中，而目标位置处于块外，那么跳转语句将跳出该块。跳转语句虽然可以将控制指令转移至块外，但无法将控制指令转移至块内。C#语言中的跳转语句有 4 种：break 语句、continue 语句、goto 语句和 return 语句。

1. break 语句

break 语句用于从最近的 switch、while、do...while、for 和 foreach 语句块中跳出。如果这些语句块相互嵌套，break 语句只能作用于最里层的语句块。下面编写一个程序用来判断一个正整数是否是质数，其中就用到了 break 语句。

程序清单：codes\02\BreakStatementDemo\Program. cs

```
1    namespace BreakStatementDemo
```

```
2   {
3       class Program
4       {
5           static bool IsPrime(int n)
6           {
7               bool ret = true;
8               for (int i = 2; i < n; i++)
9               {
10                  if (n % i == 0)
11                  {
12                      ret = false;
13                      break;
14                  }
15              }
16              return ret;
17          }
18          static void Main(string[] args)
19          {
20              Console.WriteLine("break 语句演示程序");
21              Console.WriteLine(" ===================== ");
22              Console.Write("请输入一个正整数：");
23              int n = int.Parse(Console.ReadLine());
24              if (IsPrime(n))
25              {
26                  Console.WriteLine("质数");
27              }
28              else
29              {
30                  Console.WriteLine("合数");
31              }
32              Console.WriteLine();
33          }
34      }
35  }
```

代码解释：

（1）判断一个正整数是否是质数，有很多算法，此处使用的是质数的定义，即除了 1 和它本身外没有能整除它的自然数，如果有，那它就是合数。

（2）第 5 行～第 17 行代码自定义了一个 IsPrime() 方法用于判断一个正整数是否是质数，参数 n 就是要判断的正整数，如果它是质数，IsPrime() 方法返回 true，否则返回 false。

（3）第 7 行代码定义了一个 bool 类型的局部变量 ret，它将作为 IsPrime() 方法的结果返回值，ret 初始化为 true，就是先假定变量 n 为质数。

（4）第 8 行～第 15 行代码通过一个 for 循环来判断变量 n 是否是质数，这段代码的基本思想就是用 2 至 n−1 这些自然数一个一个去除 n，如果发现某个自然数能整除 n，就将 ret 变量值修改为 false，表示 n 不是质数，然后通过 break 语句跳出循环。通过分析会发现，如果 n 是质数，循环将走完，也就是执行了 n−2 次；如果 n 是合数，循环将在变量 i 为变量 n 的最小因数时终止，break 语句在此处的使用提高了程序的执行效率。

（5）第 24 行～第 31 行代码测试 IsPrime()方法的功能。

程序运行结果如图 2-19 所示。

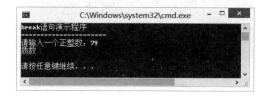

图 2-19　break 语句演示程序运行结果

2. continue 语句

continue 语句用在 while、do...while、for 和 foreach 循环语句中，以终止当次循环，继续下一次循环，而前面讲过的 break 语句会终止整个循环。举例说明，如果把一个学生每天到某校上学看成一个循环，那么某一天该学生因病请假就可以理解为 continue，因为病好了他还要继续上学；如果他退学了，那就是 break 了，因为他以后就不来该校上学了。下面编写一个程序输出 1～20 之间的偶数来演示 continue 语句的用法。

程序清单：codes\02\ContinueStatementDemo\Program. cs

```
1   namespace ContinueStatementDemo
2   {
3       class Program
4       {
5           static void Main(string[ ] args)
6           {
7               Console. WriteLine("continue 语句演示程序");
8               Console. WriteLine(" ========================= ");
9               for (int i = 1; i <= 10; i++)
10              {
11                  if (i % 2 != 0)
12                  {
13                      continue;
14                  }
15                  Console. WriteLine(i);
16              }
17              Console. WriteLine();
18          }
19      }
20  }
```

代码解释：

（1）本程序用来输出 1～20 之间的偶数，如不用 continue 语句，可以将第 11 行 if 语句的条件改成"i％2 ＝＝0"，然后在第 13 行输出变量 i 即可。本程序这样写是为了演示 continue 语句的用法。

（2）第 15 行代码只有在变量 i 为偶数时才执行。

程序运行结果如图 2-20 所示。

3. goto 语句

goto 语句可以将程序运行指令转向某个被标签标记的语句，当然 goto 语句要和标签处

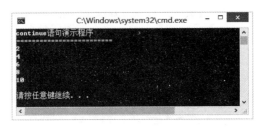

图 2-20　continue 语句演示程序运行结果

于同一个作用域。所谓标签，就是在普通语句前面加个具有后缀冒号的标识符，程序控制转向标签语句，就是转向标签后面的语句。goto 语句可以从嵌套循环中跳出，但不能跳入。

　　由于 goto 语句的使用会干扰程序的正常执行流程，容易使程序陷入逻辑混乱，所以程序员应该限制使用 goto 语句。不过还是有适合使用 goto 语句的场合，例如，在多层循环嵌套代码中，goto 语句可以使程序从最里层循环直接跳至最外层循环的外面运行；在 switch 语句中，可以编写"goto case 常量表达式；"和"goto default；"这样的代码。下面举一个使用 goto 语句的例子。

　　程序清单：codes\02\GotoStatementDemo\Program.cs

```
1    namespace GotoStatementDemo
2    {
3        class Program
4        {
5            static void Main(string[] args)
6            {
7                Console.WriteLine("goto 语句演示程序");
8                Console.WriteLine(" =============================== ");
9                string[,] onduty = {{"星期一","星期二","星期三","星期四","星期五"},
10                                    {"赵雨阳","钱思奇","孙小轩","李宜然","周正刚"}};
11               int i = 0,j = 0;
12               Console.Write("要查询值班情况,请输入星期或人名: ");
13               string str = Console.ReadLine();
14               for (i = 0; i < 2;i++)
15               {
16                   for (j = 0;j < 5;j++)
17                   {
18                       if (str == onduty[i, j])
19                       {
20                           goto Show;
21                       }
22                   }
23               }
24               Console.WriteLine("星期输入错误或查无此人");
25               goto End;
26           Show:
27               Console.WriteLine("{0}:{1}", onduty[0, j], onduty[1, j]);
28           End:
29               Console.WriteLine("再见");
30               Console.WriteLine();
```

```
31            }
32        }
33 }
```

代码解释：

（1）第 9 行代码定义了一个二维 string 类型数组 onduty 用来存储值班表，其中第 1 行存储星期，第 2 行存储人名。如果想查询哪天谁值班，通过键盘输入星期或人名即可。

（2）第 13 行代码接收键盘输入的查询参数，可以是星期或人名。

（3）第 14 行～第 23 行代码通过两重 for 循环嵌套来比较查找目标星期或人名。如果找到了目标，程序将通过第 20 行代码的 goto 语句将控制转移到 Show 标签，这样程序就通过第 27 行代码输出了星期和人名。

（4）如果目标星期或人名未找到，程序将运行第 24 行代码显示提示信息。最后通过第 25 行代码的 goto 语句跳转到 End 标签，在显示"再见"信息后结束程序。

程序运行结果如图 2-21 所示。

图 2-21　goto 语句演示程序运行结果

4. return 语句

return 语句用于将方法的运算结果返回给方法的调用者。如果方法没有返回值（就是方法的返回类型为 void），可以使用空的 return 语句。下面是一个使用 return 语句的例子。

程序清单：codes\02\ReturnStatementDemo\Program.cs

```
1  namespace ReturnStatementDemo
2  {
3      class Program
4      {
5          static int Add(int x, int y)
6          {
7              return (x + y);
8          }
9          static void Main(string[] args)
10         {
11             Console.WriteLine("return 语句演示程序");
12             Console.WriteLine("=====================");
13             Console.WriteLine("请输入两个整数：");
14             int x = int.Parse(Console.ReadLine());
15             int y = int.Parse(Console.ReadLine());
16             int sum = Add(x, y);
17             Console.WriteLine("{0} + {1} = {2}", x, y, sum);
18             Console.WriteLine();
19         }
20     }
21 }
```

代码解释：

（1）第5行~第8行代码定义了一个 Add()方法，用于对 int 类型的参数 x 和 y 求和，其中第7行代码使用 return 语句将结果返回给方法调用者。

（2）第14行和第15行代码接收两次键盘输入，然后先将输入转成 int 类型（键盘输入默认是 string 类型），分别赋值给变量 x 和 y。

（3）第16行代码调用 Add()方法对 x 和 y 求和，并将结果赋值给变量 sum。

程序运行结果如图 2-22 所示。

图 2-22 return 语句演示程序运行结果

2.6 异 常 处 理

一个设计良好的程序应该是健壮的，在使用时应该尽量避免出错，就像人轻易不得病一样。但是由于现在的程序功能越来越复杂，代码量越来越大，程序员在开发时无论怎么努力，都很难保证把程序中所有的 bug（指缺陷）排除掉。更何况很多 bug 只有在程序大量使用过程中才能被发现，所以不能期望一个软件没有 bug，只能期望软件出现异常时能提供一个合理的处理措施。

2.6.1 未捕获异常

C#语言提供了异常处理机制，这种机制可以使程序员在编写程序时有效提高程序的健壮性，尤其是对事先未料到的异常，它能保证程序不致崩溃。下面先看一个未使用异常处理机制的例子。

程序清单：codes\02\WithoutExceptionHandlingDemo\Program.cs

```
1    namespace WithoutExceptionHandlingDemo
2    {
3        class Program
4        {
5            static void Main(string[] args)
6            {
7                Console.WriteLine("未使用异常处理机制的演示程序");
8                Console.WriteLine(" ============================ ");
9                Console.WriteLine("请输入两个整数：");
10               int x = int.Parse(Console.ReadLine());
11               int y = int.Parse(Console.ReadLine());
12               int z = x/y;
```

```
13                    Console.WriteLine(z);
14                    Console.WriteLine();
15              }
16          }
17   }
```

代码解释：

（1）第 10 行和第 11 行代码接收键盘输入并将其转成 int 类型分别赋值给变量 x 和 y。

（2）第 12 行代码将 x 除以 y，结果赋值给变量 z。这行代码语法上没有问题，但是有可能会出现运行时异常。比如当 y 等于 0 时，由于除数为 0，程序将出现运行时异常。

运行上面的程序，并从键盘输入两个整数 10 和 0，结果如图 2-23 所示。

图 2-23 未使用异常处理机制的演示程序运行结果

2.6.2 捕获异常

C#语言的异常处理机制包括两个方面：捕获异常和抛出异常。

所谓捕获异常，就是当程序在运行时如果出现异常，异常处理代码就采取事先设计好的应对措施作为响应。具体的捕获语句有 3 种：try…catch 语句、try…finally 语句和 try…catch…finally 语句。

1. try…catch 语句

这种形式将方法中代码分成两块：try 块和 catch 块。其中 try 块包含正常运行代码；catch 块包含异常处理代码。当位于 try 块中的正常代码出现运行时异常时，程序流程将跳转到 catch 块中以寻求适当的处理措施。因此，catch 块只有在程序发生运行时异常时才能得到执行。请看下面的例子。

程序清单：codes\02\TrycatchStatementDemo\Program. cs

```
1    namespace TrycatchStatementDemo
2    {
3        class Program
4        {
5            static void Main(string[] args)
6            {
7                try
8                {
9                    Console.WriteLine("try...catch...语句演示程序");
10                   Console.WriteLine(" ======================== ");
11                   Console.WriteLine("请输入两个整数：");
12                   int x = int.Parse(Console.ReadLine());
```

43

```
13                    int y = int.Parse(Console.ReadLine());
14                    int z = x/y;
15                    Console.WriteLine(z);
16                }
17                catch(Exception ex)
18                {
19                    Console.WriteLine(ex.Message);
20                }
21                Console.WriteLine();
22            }
23        }
24 }
```

代码解释：

（1）第7行～第16行代码定义了try块，包含正常运行代码，其中第12行和第13行代码接收键盘输入并将其转成int类型赋值给变量x和y，第14行代码用x除以y，结果赋值给变量z。

（2）第17行～第20行代码定义了catch块，其中Exception为.NET类库中定义的异常类，变量ex表示正在发生的异常，Message是ex变量的属性，它描述了所发生异常的基本信息。

程序运行结果如图2-24所示。

图2-24 try...catch语句演示程序运行结果

2. try...finally语句

这种形式将方法中的代码分成两块：try块和finally块。其中try块包含正常运行代码；finally块包含方法必须要执行的代码，而不管程序是否出现异常。请看下面的例子。

程序清单：codes\02\TryfinallyStatementDemo\Program.cs

```
1  namespace TryfinallyStatementDemo
2  {
3      class Program
4      {
5          static void Main(string[] args)
6          {
7              try
8              {
9                  Console.WriteLine("try...finally...语句演示程序");
10                 Console.WriteLine(" ========================= ");
11                 Console.WriteLine("请输入两个整数：");
12                 int x = int.Parse(Console.ReadLine());
```

```
13                int y = int.Parse(Console.ReadLine());
14                int z = x / y;
15                Console.WriteLine(z);
16            }
17        finally
18        {
19            Console.WriteLine();
20            Console.WriteLine("无论是否出现异常,你都会看到这句话");
21            Console.WriteLine();
22        }
23        }
24    }
25 }
```

代码解释:

(1) 第 7 行～第 16 行定义了 try 块,包含正常运行代码。

(2) 第 17 行～第 22 行定义了 finally 块,包含程序必须执行的代码。

程序运行结果如图 2-25 所示。

图 2-25 try...finally 语句演示程序运行结果

3. try…catch…finally 语句

这种形式将方法代码分成 3 块: try 块、catch 块和 finally 块。其中 try 块包含正常运行代码; catch 块包含异常处理代码,只有在出现异常时才执行; finally 块包含无论是否出现异常都必须执行的代码。

2.6.3 抛出异常

所谓抛出异常,就是当程序在运行过程中一旦出现异常,程序控制指令将由所在 try 块转移到 catch 块,如果 catch 块无法处理发生的异常则将其向上一级程序传播,就好像一个单位发生事故,领导处理不了赶紧向上一级领导汇报一样。请看下面的例子。

程序清单: codes\02\ThrowStatementDemo\Program.cs

```
1  namespace ThrowStatementDemo
2  {
3      class Program
4      {
5          static int Div(int x, int y)
6          {
7              try
```

```
8                {
9                    return (x / y);
10               }
11           catch
12           {
13               throw new Exception("除数为 0 是不可以的!");
14           }
15       }
16       static void Main(string[] args)
17       {
18           try
19           {
20               Console.WriteLine("throw 语句演示程序");
21               Console.WriteLine(" ===================== ");
22               Console.WriteLine("请输入两个整数: ");
23               int x = int.Parse(Console.ReadLine());
24               int y = int.Parse(Console.ReadLine());
25               int z = Div(x, y);
26               Console.WriteLine(z);
27           }
28           catch (Exception ex)
29           {
30               Console.WriteLine(ex.Message);
31               Console.WriteLine();
32           }
33       }
34   }
35 }
```

代码解释:

（1）第 5 行～第 15 行代码定义了一个 Div()方法,用于计算两个参数 x 和 y 相除的结果,其中第 13 行代码通过 throw 语句抛出了一个异常。new 操作符创建了一个 Exception 类型的对象,这个对象将被传递给上一级程序的 catch 块。上一级程序就是直接调用 Div() 方法的程序。

（2）第 25 行代码调用了 Div()方法。如果 y 参数等于 0,Div()方法将会抛出 Exception 类型异常,该异常将被第 28 行～第 32 行的 catch 块捕获并处理。

程序运行结果如图 2-26 所示。

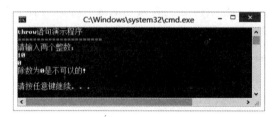

图 2-26　throw 语句演示程序运行结果

2.7　数　　组

数组是一种包含多个变量的数据结构,这些变量占用连续的物理内存,并具有相同的数据类型,称为数组的元素。要访问数组中的元素,可以通过数组的下标来访问。在 C#语言中,数组的下标从 0 开始。下面讲解数组的定义、初始化和数组元素的访问等内容。

2.7.1　数组的定义

定义一个数组需要考虑 3 个问题:一是数组中元素的类型,数组中的所有元素具有相同的任意数据类型;二是数组的名称,只要是一个合法的标识符即可;三是数组的维数,有一维和多维之分。读者可以按照坐标轴来理解数组的维数,一维数组可以理解为元素按 x 轴方向排列,二维数组可以理解为元素按 x 轴和 y 轴两个方向排列,三维数组可以理解为元素按 x 轴、y 轴和 z 轴三个方向排列,更多的维数也无非就是方向更多而已。

下面以一维数组和二维数组为例,讲解数组的定义方法。

1. 一维数组的定义

一维数组的定义语法格式如下。

[访问修饰符]数据类型[ ]数组名;

看下边的例子:

```
public string[ ] cities;
int[ ] score;
```

2. 二维数组的定义

二维数组的定义语法格式如下。

[访问修饰符]数据类型[,]数组名;

举两个例子:

```
public string[,] names;
int[,] pos;
```

2.7.2　数组的初始化

数组的初始化有两个作用:一是申请内存;二是为数组元素提供初始值。数组的初始化方式有 3 种:默认值方式、正常方式和快捷方式。

1. 默认值方式

这种方式初始化的数组,其元素默认值即数据类型的默认值。例如:

```
int[ ] score = new int[10];        //所有元素默认值为 0
int[,] pos = new int[3,4];         //所有元素默认值为 0
```

2. 正常方式

这种方式要为数组中的每个元素都提供初始值。例如:

```
string[ ] color = new string[3]{ "red", "green", "blue" };
int[,] pos = new int[3,4] { { 1, 2, 3, 4 }, { 5, 6, 7, 8 },{9,10,11,12}};
```

这种方式还有个变种，就是不指定每一维的元素数。例如：

```
string[ ] color = new string[]{ "red", "green", "blue" };
int[,] pos = new int[,] { { 1, 2, 3, 4 }, { 5, 6, 7, 8 },{9,10,11,12}};
```

上述两种情况等价。

3. 快捷方式

这种方式可以快速初始化数组，具体方法是省略 new 操作符和其后的定义语法，直接为数组中的每个元素提供初始值。例如：

```
string[ ] color = { "red", "green", "blue" };
int[,] pos = { { 1, 2, 3, 4 }, { 5, 6, 7, 8 },{9,10,11,12}};
```

2.7.3 数组元素的访问

数组中的所有元素占用连续的内存空间，而且由于每个元素类型相同，占用相同的字节空间，所以只要知道第一个元素的地址，那么通过一个简单的算法就可以直接访问其他元素。对于 C# 语言来说，只要知道数组名和元素的下标（就是从 0 开始的元素序号），就可以访问数组中的任意元素。

访问数组中的元素要用到循环语句，一维数组使用一重循环，N 维数组使用 N 重循环。下面看一个关于数组访问的例子。

程序清单：codes\02\ArrayDemo\Program. cs

```
1   namespace ArrayDemo
2   {
3       class Program
4       {
5           static void Main(string[ ] args)
6           {
7               Console.WriteLine("数组演示程序");
8               Console.WriteLine(" ========================= ");
9               int[,] pos = { { 1, 2, 3, 4 }, { 5, 6, 7, 8 }, { 9, 10, 11,12 } };
10              for (int i = 0; i < 3; i++)
11              {
12                  for (int j = 0; j < 4; j++)
13                  {
14                      Console.Write(pos[i, j] + "\t");
15                  }
16                  Console.WriteLine();
17              }
18              Console.WriteLine();
19          }
20      }
21  }
```

代码解释：

（1）第 9 行代码声明了一个二维数组 pos，根据初始值判断，是 3 行 4 列，即第 1 维长度为 3，第 2 维长度为 4。

（2）第 10 行～第 17 行代码为二重 for 循环，其中外层 for 循环遍历第 1 维（即行）；内层 for 循环遍历第 2 维（即列）。第 14 行代码不换行输出第 i 行第 j 列元素，"\t"是转义字符，用于输出一个水平制表符。第 16 行代码输出空行，作用是换行。

程序运行结果如图 2-27 所示。

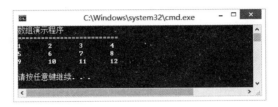

图 2-27　数组演示程序运行结果

2.7.4　数组常用属性与方法

下面介绍几个编程实践中经常使用的有关数组的属性和方法。

1. Length 属性

该属性为 int 类型，返回数组所有维数中元素的总数。对于一维数组来说，通过循环语句遍历数组元素时，可用该属性取代硬编码来代表数组下标的上限。例如：

```
int[] score = {90,80,70,60,65,75,80,93,77,66};
for(int i = 0;i < score.Length;i++)
{
    …
}
```

2. Rank 属性

该属性为 int 类型，返回数组的维数。

3. GetLength()方法

该方法返回数组指定维的元素数，原型如下。

```
int GetLength(int dimension);
```

其中，dimension 参数代表指定维。该方法在访问多维数组时很有用处。例如：

```
int[,] pos = { { 1, 2, 3, 4 }, { 5, 6, 7, 8 },{9,10,11,12}};
for(int i = 0;i < pos.GetLength(0);i++)           //0 代表第一维
{
    for(int j = 0;j < pos.GetLength(1);j++)       //1 代表第二维
    {
        …
    }
}
```

第 3 章 C#语言面向对象程序设计

3.1 概 述

C♯语言面向对象程序设计的核心是类设计,而类设计的主要内容就是类成员设计。本章重点讲解各种类成员的设计方法及面向对象程序设计的 3 大支柱:封装、继承和多态。最后讲委托与接口两种引用类型。

3.1.1 面向对象理论诞生的背景

首先来了解一下面向对象理论诞生的背景。

1. 早期的程序设计

1946 年,第一台计算机 ENIAC(埃尼阿克)诞生于美国的宾夕法尼亚大学,从那以后的近 20 年里,人们通过机器代码和汇编语言进行编程,所编写的程序高度依赖于特定的机器。尽管在这期间诞生了一些语言(如 BASIC 语言、COBOL 语言等),但是这些语言编制的程序存在混乱的跳转和分支,导致程序的阅读性很差,开发效率很低。随着计算机硬件的发展以及对软件的需求日益增加,早期的程序设计语言越来越无法满足人们的需要,于是 C 语言诞生了。

2. 结构化程序设计

1978 年,Dennis Ritchie(丹尼斯·里奇)发明了 C 语言,标志着现代程序设计语言的诞生。C 语言功能强大,简洁高效,充满了结构化编程的思想(如自顶向下、逐步求精的思想;顺序、选择、循环 3 种编程结构;去掉 goto 语句等),程序员可以规范、高效地编制程序。

C 语言获得了空前的成功,直到今天它依然被广泛使用。C 语言是如此的成功,人们还需要新的编程语言吗? 答案是:需要! 因为人们开发的程序越来越复杂。

3. 面向对象程序设计

1965 年,Intel 公司创始人摩尔提出了一个著名的"摩尔定律",大致的内容是"半导体集成电路的密度或容量每 18 个月翻一番",这不是一个物理或数学定律,它仅是一种对未来趋势的预测,但是这个预测的精准被之后 40 多年计算机硬件的发展不断地验证。硬件的高速发展直接刺激了软件的发展,导致软件的规模和复杂性超出了结构化编程的极限,为了解决这个问题,面向对象编程诞生了。

面向对象编程的基本思想就是通过封装、继承和多态等手段来管理复杂的编程。1979 年,Bjarne Stroustrup(布贾尼·施特劳斯特卢普)发明了 C++。最初这种语言被称为

"带类的 C",1983 年改名为 C++。C++语言除了包括 C 语言所有的特点外,还实现了面向对象编程的思想。20 世纪 80 年代末,C++成为主流的编程语言。

自 20 世纪 90 年代以来,互联网异军突起,使得 Web 开发变得越来越重要,C++语言不合时宜的地方开始凸显出来。这时,Java 语言(1995 年诞生)和 C♯语言(2002 年诞生)出现了,这两种语言更适合于今天的互联网开发,也把面向对象理论发挥到了极致,成为今天软件设计人员的必修理论。

下面开始学习面向对象理论。

3.1.2　类和对象概念

1. 类

初学面向对象理论首先要搞懂的就是"类"这个概念。什么是类?下面举两个例子说明。

例 1:汽车的设计与制造。

大家知道,汽车厂在生产汽车之前,肯定要先设计汽车,汽车的每个组成部分(如发动机、底盘、车身和电器等)都需要先画出图纸,然后才能谈加工制造。一旦设计的图纸确定了就可以生产出大量的一模一样的汽车来。从面向对象理论的角度来看,图纸就是所谓的"类",或者说是生产汽车的"模板"。

例 2:员工的管理。

任何一个单位都有一套对员工的管理办法,最起码得建立员工档案,把每个员工的基本信息(如姓名、性别、出生日期、学历、住址和联系电话等)都保存起来,以便于将来组织工作。可以将收集来的这些员工信息比作一个"模板",以后再有新员工,就按照这个"模板"填写即可。尽管每个员工还有自己隐私性的信息,但是单位不关心,也没有必要关心,它只关心模板涉及的信息。从面向对象理论的角度来看,这个员工信息的"模板"就是所谓的"类",它是单位员工共性的一种抽象。

通过上面的例子,应该对类有了一些感性认识,下面再给类下一个理性的定义。类是一种自定义的数据类型,是一种数据结构,它可以包含数据成员(如常量和字段),也可以包含方法成员(如方法、属性、构造方法、析构方法、事件、索引和操作符等)和嵌套类型。

2. 对象

讲到类就不能不讲对象,这二者是相伴而生的。那么什么是对象?这与对类的理解有关。前面讲类时有一个提法,即类是模板。对象就是根据模板"生产"出来的产品(如一辆具体的汽车),或者抽象模板时所涉及的某个个体(如一名具体的员工)。

由此看来,类和对象就有了这样一种关系:类是对象的模板,对象是类的某个实例。在面向对象理论中,由类创建对象的过程称为实例化。

了解了上述概念就可以进入类设计的讲解了。

3.1.3　类语法格式

面向对象程序设计的主要工作就是设计类,定义类的语法格式如下:

```
[类修饰符]  class  类名[:基类]
{
```

```
    ...
}
```

在上面的语法格式中，[ ]表示可选；类修饰符与类的封装有关，这将在3.3节讲解；class是定义类的关键字；类名必须是一个合法的标识符，但是要注意，按照C#语言的编程规范，通常类名首字母要大写；基类与类的继承有关，这将在3.4节讲解；{ }代表类主体；省略号部分代表可在类中定义的各种类成员，这是要重点讲解的地方。

3.2　简单类成员设计

在C#语言中，一个简单的类可以包含常量、字段、方法、构造方法、析构方法和属性等成员，下面将详细地讲解这些知识。

3.2.1　常量

为了使用方便，类中使用的常数值通常会起个容易理解的别名，这个别名称为常量。定义一个常量需要指明4个内容：可访问性、数据类型、常量名和常量值。例如：

```
public const double PI = 3.14;
```

在上述代码中，public指明了常量的可访问性，具体含义参见本章3.3.2小节；const是定义常量的关键字；double表示常量的类型；PI就是定义的常量名；等号右边的"3.14"则是常量PI对应的值。

程序中为什么要定义常量？这通常出于两个方面的考虑：一是在程序中直接使用数值有突兀之嫌（即通常所说的"魔数"），不如起个别名好懂；二是如果程序中多处使用某个数值，将来一旦需要对该数值进行修改，就会是个很麻烦而且容易出错的工作。如果程序中事先对该数值定义了常量，那么只要在常量定义的地方修改其值即可，其他地方由于使用了常量名而自动使用修改后的常量值。

3.2.2　字段

在类中（方法之外）定义的变量称为字段。通常情况下，定义一个字段需要指明4个内容：可访问性、数据类型、字段名和字段值。例如：

```
public double area = 0.0;
```

在上述代码中，public指明了字段的可访问性，具体含义可参见本章3.3.2小节；double表示字段的数据类型；area是定义的字段名；等号右边的"0.0"则是字段值。

3.2.3　方法

在类中定义的函数又称为方法。通常情况下，定义一个方法需要指明4个内容：可访问性、返回值类型、方法名和参数。例如：

```
public double GetArea(double r)
{
```

```
        return PI * r * r;
    }
```

在上述代码中,public 指明了方法的可访问性,具体含义可参见本章 3.3.2 小节;double 表示方法的返回值类型;GetArea 为方法名;r 则是方法定义的参数。

下面通过一个示例程序来演示如何定义常量、字段和方法。

程序清单:codes\03\ConstFieldMethodDemo\Program. cs

```
1    namespace ConstFieldMethodDemo
2    {
3      class Circle
4      {
5            //常量
6            public const double PI = 3.14;
7            //字段
8            public double Radius = 0.0;
9            //方法
10           public double GetArea()
11           {
12               return PI * Radius * Radius;
13           }
14           public double GetPerimeter()
15           {
16               return 2 * PI * Radius;
17           }
20      }
21      class Program
22      {
23           static void Main(string[] args)
24           {
25               Console.WriteLine("常量、字段和方法演示程序");
26               Console.WriteLine(" ===================== ");
27               Circle c = new Circle();
28               c.Radius = 10.1;
29               double area = c.GetArea();
30               double perimeter = c.GetPerimeter();
31               Console.WriteLine("面积 = {0},周长 = {1}", area, perimeter);
32               Console.WriteLine();
33           }
34      }
35    }
```

代码解释:

(1) 第 6 行代码定义了常量 PI。

(2) 第 8 行代码定义了字段 Radius。

(3) 第 10 行~第 13 行代码定义了方法 GetArea()。

(4) 第 14 行~第 17 行代码定义了方法 GetPerimeter ()。

(5) 第 27 行代码创建 Circle 类型的一个对象,其中 Circle 是类名,c 是自定义的对象变量名,new 是用来创建对象的关键字,Circle()是调用 Circle 类的构造方法。关于构造方法的细节可参见本书3.2.4小节内容。本行代码是通过类创建对象的基本语法。

（6）第28行代码是个赋值语句，它为对象c的Radius字段赋值，引用对象的字段要通过"."运算符进行。

（7）第29行代码是调用对象c的GetArea()方法，返回值赋给一个double类型的变量area，引用对象的方法要通过"."运算符进行。

（8）第31行代码中的"{0}"和"{1}"是两个占位符，程序运行时它们将会被跟在后边的两个变量area和perimeter按次序替换掉。

程序运行结果如图3-1所示。

图3-1　常量、字段和方法演示程序运行结果

3.2.4　构造方法

每个对象都是有状态的，这个状态就是对象所拥有的各个字段的值。试想一下，对象在诞生之初，它的状态是什么样的？可通过什么手段来设置它的状态？上述问题可由构造方法来处理。

构造方法与普通方法相比，有几处特殊的地方。首先，它的名字必须与类的名字相同；其次，它不能被直接调用，可以在创建对象时通过new关键字间接调用；最后，它没有返回值。构造方法允许重载，这样就可以通过多种方式来初始化对象。下面通过一个示例程序学习构造方法的定义及使用方法。

程序清单：**codes\03\ConstructorDemo\Program.cs**

```
1    namespace ConstructorDemo
2    {
3        class Student
4        {
5            public string ID;          //学号
6            public string Name;        //姓名
7            public int Age;            //年龄
8            //无参构造方法
9            public Student()
10           {
11               ID = "空";
12               Name = "空";
13               Age = 0;
14           }
15           //有参构造方法
16           public Student(string id, string name, int age)
17           {
18               ID = id;
19               Name = name;
```

```
20              Age = age;
21          }
22          //显示字段信息
23          public void ShowStudent()
24          {
25              Console.WriteLine("学号：{0},姓名：{1},年龄：{2}", ID, Name, Age);
26          }
27      }
28      class Program
29      {
30          static void Main(string[] args)
31          {
32              Console.WriteLine("构造函数演示程序");
33              Console.WriteLine(" ================================= ");
34              Student stu1 = new Student();
35              stu1.ShowStudent();
36              Student stu2 = new Student("0901", "王怡然", 20);
37              stu2.ShowStudent();
38              Console.WriteLine();
39          }
40      }
41 }
```

代码解释：

（1）第 9 行～第 14 行代码定义了一个无参数的构造方法，用于对有关字段进行默认值初始化。

（2）第 16 行～第 21 行代码定义了一个有参数的构造方法，用于对有关字段进行非默认值初始化。构造方法是可以有多个的，只要参数的类型或个数不同即可，这就是所谓的构造方法重载。这种重载机制允许使用多种手段初始化对象的状态。

（3）ShowStudent()方法用于显示 Student 对象的状态信息。

（4）Main()方法中的代码演示了两种构造方法的使用方法。

程序运行结果如图 3-2 所示。

图 3-2　构造方法演示程序运行结果

3.2.5　析构方法

前面所讲的构造方法是在创建对象时自动调用的，而析构方法则是在销毁对象时自动调用的。也就是说，如果有一些操作想在销毁对象时执行，那么这些操作就可以放在析构方法里。

析构方法是可以在类中定义的一种特殊成员，它的特殊之处有如下几点。

（1）析构方法的名字必须和类名相同，并要添加一个前缀符号"～"。

（2）析构方法名字前不能添加访问修饰符，如 public。

（3）析构方法没有参数，不能重载，一个类最多只能有一个析构方法。

（4）析构方法不能直接调用，它只能在对象处于可销毁状态时，由 CLR 的垃圾回收器在稍后的某个不确定时刻执行。

请看下面的例子。

程序清单：codes\03\DestructorDemo\Program.cs

```
1   namespace DestructorDemo
2   {
3       class Student
4       {
5           public Student()
6           {
7               Console.WriteLine("对象创建");
8           }
9           ～Student()
10          {
11              Console.WriteLine("对象销毁");
12          }
13      }
14      class Program
15      {
16          static void Main(string[] args)
17          {
18              Console.WriteLine("析构方法演示程序");
19              Console.WriteLine(" ========================= ");
20              Student stu = new Student();
21          }
22      }
23  }
```

代码解释：

（1）第 5 行～第 8 行代码定义了 Student 类的构造方法。

（2）第 9 行～第 12 行代码定义了 Student 类的析构方法。

（3）在 Main()方法中，第 20 行代码创建了 Student 对象，然后程序结束。

程序运行结果如图 3-3 所示。从程序的运行结果看，析构方法得到了执行。

图 3-3　析构方法演示程序运行结果

3.2.6　属性

C#中的类是个静态概念，而由类创建的对象则属于动态概念。对象通常创建于内存中,它有生命周期,有各种状态,这个状态就是对象的特征,也称为对象的属性。C♯语言可以通过类字段来定义对象的特征。例如,在 3.2.4 小节 ConstructorDemo 示例中,Student 类包含三个类字段：ID(学号)、Name(姓名)和 Age(年龄)。它们定义了 Student 对象的状态特征。

　　用类字段定义对象特征在语法上是简单的,但是存在弊端。如果程序员给类字段赋一个逻辑上非法或无效的值时,类字段无法识别,只能被动接受。例如,将 ConstructorDemo 示例中第 36 行代码改动如下：

```
36            Student stu2 = new Student("0901", "王怡然", -20);
```

　　那么 Student 类的构造方法中的第三个参数"-20"是传递给年龄属性 Age 的,这显然不合情理,但是赋值依然会成功。实际上 C♯语言在语法上提供了避免这种问题的机制,那就是专有的"属性"语法。

　　请看下面的关于"属性"的示例程序。

程序清单：codes\03\PropertyDemo\Program.cs

```
1    namespace PropertyDemo
2    {
3        class Student
4        {
5            private string id;          //学号
6            private string name;        //姓名
7            private int age;            //年龄
8            public string ID
9            {
10               get
11               {
12                   return id;
13               }
14               set
15               {
16                   id = value;
17               }
18           }
19           public string Name
20           {
21               get
22               {
23                   return name;
24               }
25               set
26               {
27                   name = value;
28               }
29           }
30           public int Age
31           {
32               get
```

57

```
33              {
34                  return age;
35              }
36              set
37              {
38                  if (value < 0)
39                      age = 0;
40                  else
41                      age = value;
42              }
43          }
44          //无参构造方法
45          public Student()
46          {
47              ID = "空";
48              Name = "空";
49              Age = 0;
50          }
51          //有参构造方法
52          public Student(string id, string name, int age)
53          {
54              ID = id;
55              Name = name;
56              Age = age;
57          }
58          //显示字段信息
59          public void ShowStudent()
60          {
61              Console.WriteLine("学号：{0},姓名：{1},年龄：{2}", ID, Name, Age);
62          }
63      }
64  class Program
65  {
66      static void Main(string[] args)
67      {
68          Console.WriteLine("属性演示程序");
69          Console.WriteLine(" ============================= ");
70          Student stu1 = new Student();
71          stu1.ShowStudent();
72          Student stu2 = new Student("0901", "王怡然", -20);
73          stu2.ShowStudent();
74          Console.WriteLine();
75      }
76  }
77 }
```

代码解释：

（1）在示例 ConstructorDemo 中，定义公共类字段时其访问性使用 public，并且字段名首字母大写，尽管这不是必须的，但是这样做更符合 C#编程规范。

（2）在定义"属性"时，需要先声明一个 private 类型的类字段，并且其名字通常为全小写,如本例中的第 5 行代码即声明了一个 private 类型的字段 id。

(3)通过"属性"语法将 private 类型字段进行读写包装,从而为对象用户提供使用该私有字段的接口,如本例中的第 8 行~第 18 行代码即对字段 id 进行了"属性"包装。

(4)属性代码初次看可能觉得有些怪异,尤其是对于学过其他编程语言(如 VB 和 Java 等)的读者。从语法上看它像方法,因为它有{};又不像方法,因为它没有()。另外,它的内部包含了 get 和 set 两个不常见的代码。实际上,这就是 C#语言自创的"属性"语法,换句话说,上述代码就是一个属性声明。

(5)下面详细解释一下 ID 属性的内涵。public 声明说明对象用户可以不受限访问这个属性,ID 是属性名称。用户对 ID 的访问无非两种:读和写。当用户读 ID 属性时,get{}代码块开始工作,它通过 return 语句返回 id。表面上读的是 ID,可实际上代码返回的是 id,这就是"封装"。"封装"的意义将在 3.3 节专门讲解。当用户写 ID 属性时,set{}代码块开始工作。它拥有一个内置参数 value(注意,value 的名称不能变,是由系统内定的),value 接收用户的赋值,然后把它传递给 id。表面上写的是 ID,可实际上 set{}代码块将写入的值通过 value 参数传递给了 id 这个私有变量,这也是"封装"。这种机制最直接的好处就是可以对用户写的值进行甄别,换句话说,它提供了数据校验的机会。

(6)仔细看看本示例的三个属性声明后会发现,这些属性声明十分相似,就像一种模板,为类字段提供了规范化的"封装"接口。

程序运行结果如图 3-4 所示。

图 3-4　属性演示程序运行结果

3.3　面向对象程序设计的第一个支柱——封装

3.3.1　封装的概念

为了理解什么是"封装",先举两个生活当中使用"封装"的例子。

例 1:手机的使用。

平时使用的手机的内部工作原理是什么? 它是怎么发送声音信号的? 它又是怎么拍照的? 绝大多数的手机用户是不懂的。可是,这并不影响用户使用手机,因为手机生产厂家已经通过手机外壳把它的内部器件封装起来,并在机壳上提供了显示屏以便查看,并提供了按键以便输入。换句话说,用户不用了解手机的实现细节就可以自如地操控手机,这就是"封装"带来的好处。

例 2:电视的使用。

当在家里看电视时,想换哪个台就换哪个台,想放多大声就放多大声,操作也就是动动遥控器而已。可是,电视机内部是怎么工作的? 它是怎么实现换台的? 怎么实现调节音量的? 绝大多数人是不懂的。可是,这也没有影响人们使用电视,因为电视机的生产厂家通过机壳把电视机的内部实现细节封装起来,然后提供了一个操控电视机的遥控器,这也是"封装"带来的好处。

通过上面两个例子会发现,所谓封装,就是一种工作机制,它遮蔽了产品内部的实现细节,而为最终用户提供了容易使用的接口。在 C♯ 语言中,类的设计者把类的实现细节通过封装的手段隐藏起来,而为类的使用者提供了简单易用的接口。也就是说,类的使用者无须了解类的实现细节就可以正确地使用它,这就是类的封装。这种封装机制,虽然简单,却是支撑面向对象理论的三大支柱之一,另外两个支柱分别是继承和多态,这将在后面的 3.4 和 3.5 节中细述。

了解了什么是封装,下面就来探讨一下 C♯ 语言是如何实现封装的。

3.3.2　通过访问修饰符实现封装

在 C♯ 语言中,访问修饰符主要有两种应用场合,一种是修饰类,另一种是修饰类成员。

1. 修饰类

在 C♯ 语言中定义类时,通常需要考虑这个类的可见性,也就是哪些类可以访问它,哪些类不能访问它,这就是类访问修饰符发挥作用的地方。在 C♯ 语言中,类访问修饰符共有5 种,具体情况如表 3-1 所示。

表 3-1　类访问修饰符

修　饰　符	在命名空间中定义类(普通类)	在类中定义类(嵌套类)
public	√	√
protected internal	×	√
protected	×	√
internal	√	√
private	×	√

在表 3-1 中,√ 表示可以使用,× 表示不能使用。由此可以看出,如果在命名空间中定义一个类,那么它可以使用 public 和 internal。二者的区别是：前者表示该类的访问不受限制,也就是说,不管其他类是来自哪个程序集的哪个命名空间,都可以访问该类的 public 成员；后者则只允许同一程序集内的任意命名空间中的类来访问它。

如果定义的是嵌套类,那么表 3-1 中的 5 种修饰符就都可以使用了,其具体含义与类成员变量修饰符相同,因为可以把嵌套类当成类成员来看待,详细情况参见第 2 部分"修饰类成员"。

提示：如果类在定义时未使用访问修饰符,则其访问性默认为 internal。

下面通过一个示例来演示 public 和 internal 的区别。

程序清单：codes\03\ClassModifierLib\Program.cs

```
1    namespace ClassModifierLib
2    {
3        //注意,Student 类由 public 修饰
4        public class Student
```

```
5       {
6           private int age;
7           public int Age
8           {
9               get
10              {
11                  return age;
12              }
13              set
14              {
15                  age = value;
16              }
17          }
18      }
19      //注意,Book 类由 internal 修饰
20      internal class Book
21      {
22          private string name;
23          public string Name
24          {
25              get
26              {
27                  return name;
28              }
29              set
30              {
31                  name = value;
32              }
33          }
34      }
35  }
```

编译上述项目,得到演示程序集 ClassModifierLib. dll。接着,编写测试程序集,注意添加对 ClassModifierLib. dll 的引用。

程序清单：codes\03\ClassModifierDemo\Program. cs

```
1   namespace ClassModifierDemo
2   {
3       class Program
4       {
5           static void Main(string[] args)
6           {
7               Console. WriteLine("类修饰符演示程序");
8               Console. WriteLine(" ==================== ");
9               /*
10              ClassModifierLib. Book book = new ClassModifierLib. Book();
11              book. Name = "C#语言程序设计";
12              Console. WriteLine("Name = " + book. Name);
13              */
14              ClassModifierLib. Student stu = new ClassModifierLib. Student();
15              stu. Age = 20;
```

```
16              Console.WriteLine("Age = " + stu.Age);
17              Console.WriteLine();
18          }
19      }
20  }
```

代码解释：

（1）在演示程序集 ClassModifierLib 中定义了两个类 Student 和 Book，其中前者由 public 修饰，后者由 internal 修饰，这样做的目的就是考察二者的区别。另外，在这两个类中还分别定义了一个属性成员。

（2）在测试程序集 ClassModifierDemo 中，第 10 行至第 12 行代码演示了对 Book 类的访问，实际上，这三行代码将导致项目无法编译，并显示一系列错误。错在哪里？错在定义 Book 类时使用了 internal 修饰符，该修饰符将 Book 类的使用范围限制在了定义 Book 类的程序集内，其他程序集无法使用。

（3）第 14 行～第 16 行代码演示了对 Student 类的访问，这是没有问题的。

程序运行结果如图 3-5 所示。

图 3-5　类修饰符演示程序运行结果

2. 修饰类成员

在定义类变量和类方法等成员时，往往可以通过访问修饰符来控制类成员的可见性，每个成员是否允许其他类使用，以及允许哪些类使用是由访问修饰符来控制的。在 C#语言中，类成员访问修饰符一共有 5 种，每种都具有不同的含义，具体如表 3-2 所示。

表 3-2　类成员访问修饰符

修 饰 符	所属类	所属类的子类	同一命名空间的其他类	非同一命名空间的其他类
public	√	√	√	√
protected internal	√	√	√	×
protected	√	√	×	×
internal	√	×	√	×
private	√	×	×	×

在表 3-2 中，√表示允许访问，×表示不能访问。从表 3-2 来看，public 修饰的成员访问不受限制，它允许任意命名空间的任意类访问；protected internal 修饰的成员允许所属类、所属类的子类及同一命名空间的其他类访问；protected 修饰的成员允许所属类及所属类的子类访问；internal 修饰的成员允许所属类及同一命名空间的其他类访问；private 修饰的成员则仅允许所属类访问。

如果类成员在定义时未使用访问修饰符，则其访问性默认为 private。

提示： 虽然类成员定义时可以使用默认访问性，但是，这不是好的做法，良好的编程习惯是显式定义类成员的可访问性,这可以提高程序代码的可阅读性,便于维护。

3.3.3　通过传统的读方法和写方法实现封装

3.3.2 小节讲的封装属于语法性质的封装,本节要讲的则属于软件工程性质的封装。在类中定义一个字段时,如果用 public 修饰,就只能允许其他类任意读写这个变量,而无法监管变量值的合法性,即使换成其他成员访问修饰符也仅是限制了有权访问该类成员的用户范围,而仍然无法控制其他类如何使用这个变量,这就造成了监管漏洞。这个问题的通用解决方法就是禁止直接访问类字段,而是通过读方法和写方法来间接访问该字段,这样就可以把对该字段的控制逻辑放到读方法和写方法中,这相当于在类字段和使用者之间嵌了一层控制逻辑屏障,从而起到了封装作用。

下面看一个"无封装"程序的例子。

程序清单:codes\03\WithoutEncapsulationDemo\Program.cs

```
1   namespace WithoutEncapsulationDemo
2   {
3       class Student
4       {
5           //public 修饰符说明该字段未封装
6           public int Age;
7       }
8       class Program
9       {
10          static void Main(string[] args)
11          {
12              Console.WriteLine("无封装演示程序");
13              Console.WriteLine("==================");
14              Student stu = new Student();
15              stu.Age = -20;
16              Console.WriteLine("Age=" + stu.Age);
17              Console.WriteLine();
18          }
19      }
20  }
```

代码解释:

(1) Student 类中定义了一个 public 类型的无封装字段 Age。

(2) Program 类中,第 15 行代码对 Age 字段赋值为-20,很明显这是个非法的数值,可是程序能正常编译通过。很显然,没有封装的 public 变量缺乏合理有效的封闭性,而这影响了代码验证逻辑的实施。

程序运行结果如图 3-6 所示。

图 3-6　无封装演示程序运行结果

下面看一个"有封装"程序的例子。

程序清单：codes\03\WithEncapsulationDemo\Program. cs

```
1   namespace WithEncapsulationDemo
2   {
3       class Student
4       {
5           private int age = 0;
6           public int GetAge()
7           {
8               return age;
9           }
10          public void SetAge(int a)
11          {
12              if (a < 0)
13              {
14                  Console.WriteLine("年龄不能小于 0!");
15                  return;
16              }
17              age = a;
18          }
19      }
20      class Program
21      {
22          static void Main(string[] args)
23          {
24              Console.WriteLine("有封装演示程序");
25              Console.WriteLine(" ================= ");
26              Student stu = new Student();
27              stu.SetAge(-20);
28              Console.WriteLine("Age = " + stu.GetAge());
29              Console.WriteLine();
30          }
31      }
32  }
```

代码解释：

（1）在 Student 类中，第 5 行代码定义了一个 private 类型的字段 age，private 修饰符拥有最强的封装能力，它禁止其他类对该字段直接访问。所以，其他类要想访问这个字段，就只能通过提供的读写方法了。

（2）第 6 行～第 9 行代码定义了读取 age 字段的 GetAge()方法。

（3）第 10 行～第 18 行代码定义了写入 age 字段的 SetAge()方法。

（4）通过 SetAge 方法对 age 变量进行赋值，由于有验证代码，所以非法的年龄值无法赋给 age 变量，从而保证了对 age 变量的正确使用。当然，验证代码有多种写法，但是怎么写不重要，重要的是提供了编写验证代码的机会。

程序运行结果如图 3-7 所示。

图 3-7　有封装演示程序运行结果

3.3.4　通过类属性实现封装

通过编写读/写方法来封装 private 变量是很多面向对象编程语言的通行做法。实际上，C#语言在这方面提供了进一步的支持，而且是语法级的支持，这就是类属性。

3.2.6 小节已经讲过属性语法，在示例 PropertyDemo 中，Student 类的 age 字段为 private 类型，外界无法直接访问它，只能通过类属性 Age 来访问。类属性 Age 的内部包含 get 代码块和 set 代码块，在 C#语言中，这种代码块称为"访问器"。get 访问器和 set 访问器的前后顺序没有限制，谁前谁后都可以。仔细琢磨后会发现，get 访问器的功能实质上就是 3.3.3 小节讲到的读方法的功能，当读取 Age 属性时，get 访问器就会返回 age 变量；而 set 访问器则相当于写方法的功能，当对 Age 属性进行赋值操作时，set 访问器将会对 age 变量进行赋值。只不过在 set 访问器中，总是有一个叫 value 的隐式形参，对 Age 属性赋值就是通过 value 把值传递给 age 变量。由此看来，Age 属性通过它内部的 get 访问器和 set 访问器实现了对私有变量 age 的封装。当然，在 set 访问器中可以像普通方法一样编写验证代码。

示例 PropertyDemo 讲解了类属性的定义方法，如果类属性只拥有 get 访问器，就无法对其进行赋值，只能读取，这就是只读属性；如果类属性只拥有 set 访问器，就只能对其进行赋值，而无法读取，这就是只写属性。

3.4　面向对象程序设计的第二个支柱——继承

3.4.1　继承的概念

关于继承的含义，大家应该不陌生，生活当中有很多场合都涉及继承的概念，例如，子女长得像父母，这就是生物学意义上的继承；子女获得父母的遗产，这则是社会学意义上的继承。继承的好处就是"重用"了现存的东西。

面向对象理论的第二个支柱就是继承。实际上，继承体现的是类之间的一种关系，它有效地促进了代码重用。为了讲清楚继承的工作机制，需要先明确父类和子类的含义。一个类继承了另一个类，就称前者为子类，后者为父类，父类也称为基类。C#语言在继承的语法设计上简单利落，下面就详细讲解 C#语言是如何实现继承的。

3.4.2　继承的实现

经典的继承，要满足"is-a"关系（父子类关系）。换句话说，当 A 是 B，但 B 不一定是 A 时，就可以把 A 设计成一个子类，而把 B 设计成一个父类，在 A 和 B 之间建立一种继承关

65

系。例如，经理是公司的员工，但公司的员工不都是经理，用 Manager 类代表子类经理，用 Employee 类代表父类员工，这样就在经理和员工之间建立起一种继承关系。下面看一个演示继承关系的例子。

程序清单：codes\03\InheritDemo\Program. cs

```
1   namespace InheritDemo
2   {
3       class Employee
4       {
5           private string id;          //员工编号
6           private string name;        //员工姓名
7           private string dept;        //所属部门
8           //构造方法
9           public Employee(string i, string n, string d)
10          {
11              id = i;
12              name = n;
13              dept = d;
14          }
15          //输出员工信息
16          public void ShowEmployee()
17          {
18              Console.Write("编号：" + id + "\t姓名：" + name + "\t部门：" + dept);
19          }
20      }
21      class Manager : Employee
22      {
23          private string title;
24          public Manager(string i, string n, string d, string t):base(i,n,d)
25          {
26              title = t;
27          }
28          public void ShowManager()
29          {
30              ShowEmployee();
31              Console.Write("\t职务：" + title);
32          }
33      }
34      class Program
35      {
36          static void Main(string[] args)
37          {
38              Console.WriteLine("继承演示程序");
39              Console.WriteLine(" ============================== ");
40              //定义普通员工
41              Employee e = new Employee("001", "赵雨霖", "市场部");
42              e.ShowEmployee();
43              Console.WriteLine();
44              //定义经理
45              Manager m = new Manager("002", "王雪鸿", "研发部", "经理");
```

```
46              m.ShowManager();
47              Console.WriteLine();
48              Console.WriteLine();
49          }
50      }
51  }
```

代码解释：

（1）第 3 行～第 20 行代码定义了父类 Employee,它包含了 3 个 private 类型字段,分别是 id(员工编号)、name(员工姓名)和 dept(所属部门),并定义了有参构造方法对它们进行初始化。该类还定义了一个 public 方法 ShowEmployee(),用来输出员工的基本信息。

（2）第 21 行～第 33 行代码定义了子类 Manager,它继承了 Employee 类(语法上通过":"这个符号实现),并单独定义了一个 private 变量 title(职务),同时也提供了一个有参构造方法,用来对所有的(包括继承来的)private 变量进行初始化。它还定义了一个 public 方法 ShowManager(),用来显示经理的所有信息。

（3）在测试类 Program 中,第 41 行～第 43 行代码演示父类 Employee 的使用,第 45 行至第 47 行代码演示子类 Manager 的使用。

程序运行结果如图 3-8 所示。

图 3-8　继承演示程序运行结果

在 C♯语言中,类的继承有如下特点。

（1）父类里所有的成员(除了构造方法和析构方法)都会被子类继承,不管它们声明时使用了什么样的可访问性修饰符。进一步说,即使父类里的成员使用了 private 修饰符,那它依然被子类所继承,尽管子类不能直接访问它。

（2）继承具有可传递性。也就是说,如果 C 继承自 B,而 B 又继承自 A,那么 C 中不仅含有 B 的成员,也同时含有 A 的成员。

（3）子类可以定义新成员(其实,也有必要定义新成员,因为如果不定义新成员,只是对父类的简单重复,子类就没有存在的必要),但是,子类成员在定义时要注意不能同父类成员的名字或签名相同,除非有意为之,因为那将会导致父类成员被隐藏。事实上,子类只能隐藏父类里的成员,而不能将它们移出父类。

3.4.3　与父类通信

如果两个类之间建立了继承关系,那么子类与父类之间的通信就变得很重要。这两者之间的通信是通过 protected 和 base 关键字来实现的。

在 3.3.2 小节讲访问修饰符时提到了 protected 关键字,它用于修饰类成员,表示类成员可以被所属类及子类访问,其他类则无法访问。通俗地说,protected 关键字修饰的成员就是父类专门为子类保留的"财产"。

子类要使用父类的成员，需要通过 base 关键字来实现。base 关键字有两种用法，一种是在子类中调用父类的构造方法；另一种是在子类中调用父类的成员。下面通过一个示例程序来讲解子类与父类是如何通信的。

程序清单：codes\03\ProtectedBaseDemo\Program. cs

```
1   namespace ProtectedBaseDemo
2   {
3       class Person
4       {
5           private string name;
6           private int age;
7           protected Person(string n, int a)
8           {
9               name = n;
10              age = a;
11          }
12          protected void ShowPerson()
13          {
14              Console.Write("姓名：" + name + "\t年龄：" + age);
15          }
16      }
17      class Employee : Person
18      {
19          private decimal salary;
20          public Employee(string n, int a, decimal s) : base(n, a)
21          {
22              salary = s;
23          }
24          public void ShowEmployee()
25          {
26              base.ShowPerson();
27              Console.Write("\t薪水：" + salary);
28          }
29      }
30      class Program
31      {
32          static void Main(string[] args)
33          {
34              Console.WriteLine("与父类通信演示程序");
35              Console.WriteLine(" ============================== ");
36              Employee e = new Employee("赵雨霖", 24, 2000.00M);
37              e.ShowEmployee();
38              Console.WriteLine();
39              Console.WriteLine();
40          }
41      }
42  }
```

代码解释：

（1）在 Person 类中，构造方法和 ShowPerson（）方法均用 protected 关键字修饰，其结果就是它们无法在其他非子类中使用。

（2）Employee 类继承了 Person 类，第 20 行代码中的 base 用来调用父类 Person 的构造方法，第 26 行代码调用父类中的 ShowPerson()方法。在 Employee 类中可以随意使用 Person 类的成员，因为 protected 关键字对子类没有限制。

（3）在测试类 Program 中，第 36 行~第 37 行代码演示 Employee 类的使用，Employee 类构造方法的第 3 个实参为"2000.00M"，这里边的后缀 M 表示数据是 decimal 类型。

程序运行结果如图 3-9 所示。

图 3-9　与父类通信演示程序运行结果

3.4.4　禁止继承

有时候在设计某个类时出于某种原因不希望它被继承，这时就可以在定义该类时使用 sealed 关键字，如下面的代码：

```
sealed class Employee
{
        …
}
```

这样就无法再编写其他类来继承 Employee 了，像这种被 sealed 关键字修饰的类称为密封类，它们比较适合于编写工具类的场合。

3.5　面向对象程序设计的第三个支柱——多态

3.5.1　多态的概念

多态是面向对象编程的一个核心特征，它实际上是 C♯语言的一种工作机制，这种机制的存在依赖于继承，由于多态的含义不太好懂，大家要按照我的思路来逐步理解它。先给多态下一个定义，所谓"多态"，就是在一个继承链中，子类对象不仅是子类类型的一个实例，同时也是父类类型的一个实例。例如，Dog 类继承自 Animal 类，那么一个 Dog 对象是 Dog 类型的，同时也可以说它是 Animal 类型的，这种机制就叫"多态"。

3.5.2　多态的实现

下面先编写一个多态演示程序，然后再讲解实现多态的语法。

程序清单：codes\03\PolymorphismDemo\Program. cs

```
1    namespace PolymorphismDemo
2    {
3        class Animal
```

```
 4      {
 5          public virtual void Shout()
 6          {
 7              Console.WriteLine("动物正在叫...");
 8          }
 9      }
10      class Dog:Animal
11      {
12          public override void Shout()
13          {
14              Console.WriteLine("狗正在叫：汪汪汪...汪汪汪...");
15          }
16      }
17      class Cat:Animal
18      {
19          public override void Shout()
20          {
21              Console.WriteLine("猫正在叫：喵喵喵...喵喵喵...");
22          }
23      }
24      class Program
25      {
26          static void Main(string[] args)
27          {
28              Console.WriteLine("多态演示程序");
29              Console.WriteLine("===========================");
30              Animal[] ani = new Animal[2];
31              ani[0] = new Dog();
32              ani[1] = new Cat();
33              ani[0].Shout();
34              ani[1].Shout();
35              Console.WriteLine();
36          }
37      }
38 }
```

代码解释：

（1）第 3 行～第 9 行代码定义了 Animal 类，该类定义了一个由 virtual 关键字修饰的 Shout() 方法，这个方法叫"虚方法"。虚方法与普通方法的相同之处是都有实现代码，不同之处是虚方法提示子类应该对该方法进行重写，因为在父类中该方法可能缺少更好完成功能的细节。就拿 Shout() 方法来说，在 Animal 类中，由于不知道具体是哪种动物，也就不清楚该怎么"叫"，所以更具体的"叫"要由子类通过对 Shout() 方法进行重写来完成。

（2）第 10 行～第 16 行代码定义了 Dog 类，它继承了 Animal 类，并对继承自 Animal 类的 Shout() 方法进行了重写。重写父类方法就是在父类方法签名的基础上使用 override 修饰符，如第 12 行代码所示。Dog 类的 Shout() 方法显然要比 Animal 类的 Shout() 方法工作得更好。

（3）第 17 行～第 23 行代码定义了 Cat 类，它的解释同 Dog 类，此处不再赘述。

（4）在 Main() 方法中，第 30 行代码定义了 Animal 类型的一维数组变量 ani，第 31 行代码初始化 ani 数组变量的第 1 个元素。注意,此处实例化对象的类型是 Animal 类的子类 Dog。这就是多态的做法,等号左边是父类对象,等号右边是子类对象,这就为父类对象在运行时展现不同子类对象的行为提供了可能。

(5) 第 32 行代码初始化 ani 数组变量的第 2 个元素,此处实例化对象的类型是 Animal 类的子类 Cat。这样,ani 数组变量的两个元素就会展现出不同的行为,ani[0]对象变量会展现 Dog 对象的行为;ani[1]对象变量会展现 Cat 对象的行为。

(6) 第 33 行和第 34 行代码调用 Shout()方法。

程序运行结果如图 3-10 所示。

图 3-10　多态演示程序运行结果

通过上述示例程序发现,多态的实现依赖于 virtual 和 override 这两个关键字。具体做法就是首先在父类中通过 virtual 定义虚方法,然后在子类中用 override 重写父类中的虚方法,最后将父类对象实例化成不同的子类对象,从而达到多态的目的。

在 C#编程实践中会碰到这样一种情况:父类由第三方提供,程序员仅开发子类,而重写父类中的某个方法时,发现它不是虚方法,没办法在子类中重写。此时由于得不到父类的源代码文件,所以不能寄希望于将父类的方法修改成虚方法,这种情况有个解决办法,那就是利用 C#语言的“隐藏”机制。

请看下面利用“隐藏”机制的示例程序。

程序清单:codes\03\HideDemo\Program.cs

```
1   namespace HideDemo
2   {
3       class Animal
4       {
5           public void Shout()
6           {
7               Console.WriteLine("动物正在叫...");
8           }
9       }
10      class Dog : Animal
11      {
12          public new void Shout()
13          {
14              Console.WriteLine("狗正在叫:汪汪汪...汪汪汪...");
15          }
16      }
17      class Program
18      {
19          static void Main(string[] args)
20          {
```

```
21          Console.WriteLine("隐藏演示程序");
22          Console.WriteLine(" ============================ ");
23          Animal ani = new Dog();
24          ani.Shout();
25          Dog d = new Dog();
26          d.Shout();
27          Console.WriteLine();
28      }
29  }
30 }
```

代码解释：

（1）第 3 行～第 9 行代码定义了 Animal 类，该类定义了一个普通方法 Shout()。

（2）第 10 行～第 16 行代码定义了 Dog 类，它继承了 Animal 类。注意，Dog 类也定义了一个 Shout() 方法，由于父类 Animal 中的 Shout() 方法不是虚方法，所以 Dog 类没办法通过 override 关键字来重写父类中的 Shout() 方法，但可以通过 new 关键字将父类中的 Shout() 方法隐藏，具体写法见第 12 行～第 15 行代码。

（3）在 Main() 方法中，第 23 行代码声明了一个 Animal 类型的对象变量 ani，实例化时使用了它的子类 Dog。从外观上看，这与示例 PolymorphismDemo 中的多态相同，但是其执行结果却不是多态的结果。因为第 24 行代码执行后，ani 对象调用了 Animal 类的 Shout() 方法，而没有调用 Dog 类的 Shout() 方法，这就是 C#语言中隐藏机制与多态机制的区别。

程序运行结果如图 3-11 所示。

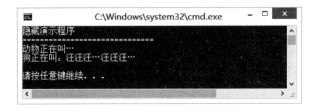

图 3-11   隐藏演示程序运行结果

3.5.3   抽象类

面向对象编程的核心除了设计类，还包括设计类间关系，而设计类间的关系与继承机制有密切的联系，正是因为有了继承机制，才能构建一个类树来模拟现实世界中实体间的层次关系。

在 C#编程实践中，通常把父类设计得尽量简约。这是因为在一个类树中，处于上层的父类对要处理的问题通常不了解，它只是提供一个解决问题的框架，剩下的具体工作要由继承它的子类来完成。因此父类存在的主要价值就在于被子类继承，而不是用来创建解决问题的对象，这种父类通常设计成抽象类。

抽象类不能用来实例化创建对象，而且必须被子类继承才能体现价值。它可以包含普通方法，也可以包含抽象方法。所谓抽象方法就是仅有方法签名不包含方法体的方法，抽象方法的具体实现要由继承它的非抽象子类来完成。下面看一个关于抽象类的例子。

程序清单：codes\03\AbstractDemo\Program. cs

```
1   namespace AbstractDemo
2   {
3       abstract class Shape
4       {
5           //虚方法
6           public virtual void Draw()
7           {
8               Console.WriteLine("绘制图形");
9           }
10          //抽象方法
11          public abstract double GetArea();
12      }
13      class Circle : Shape
14      {
15          private double radius;
16          public Circle(double r)
17          {
18              radius = r;
19          }
20          public override void Draw()
21          {
22              Console.WriteLine("绘制圆");
23          }
24          public override double GetArea()
25          {
26              return 3.14 * radius * radius;
27          }
28      }
29      class Rectangle : Shape
30      {
31          private double width, height;
32          public Rectangle(double w, double h)
33          {
34              width = w;
35              height = h;
36          }
37          public override void Draw()
38          {
39              Console.WriteLine("绘制矩形");
40          }
41          public override double GetArea()
42          {
43              return width * height;
44          }
45      }
46      class Program
47      {
48          static void Main(string[] args)
49          {
```

```
50              Circle c = new Circle(10.1);
51              Console.WriteLine("圆的面积: {0}", c.GetArea());
52              Rectangle r = new Rectangle(20.2, 10.1);
53              Console.WriteLine("矩形面积: {0}", r.GetArea());
54              Console.WriteLine();
55          }
56      }
57 }
```

代码解释:

（1）第3行～第12行代码定义了 Shape 类,这是个抽象类。定义抽象类时需要使用 abstract 修饰符,如第3行代码所示。

（2）第6行～第9行代码定义了虚方法 Draw(),它应该被子类重写。

（3）第11行代码定义了抽象方法 GetArea(),抽象方法由 abstract 关键字修饰,并且仅有方法签名,没有方法体。注意,如果某个非抽象类要继承抽象类,就必须实现抽象类的抽象方法。

（4）第13行～第28行代码定义了 Circle 类,它继承了 Shape 类。其中,第15行代码定义的 radius 变量表示半径;第16行～第19行代码定义构造方法用来初始化 radius 变量;第20行～第23行代码重写 Shape 类的 Draw()方法。

（5）第41行～第44行代码实现了 Shape 类的抽象方法 GetArea(),注意要使用 override 关键字。总之,父类用 virtual 关键字定义虚方法,子类要用 override 关键字重写该方法;抽象父类用 abstract 关键字定义抽象方法,非抽象子类要用 override 关键字实现该方法。

（6）第29行～第45行代码定义了 Rectangle 类,它也继承了 Shape 类,并在第31行代码定义了两个 private 类型的变量 width 和 height,它们分别代表矩形的宽度和高度。其他的解释同 Circle 类,此处不再赘述。

（7）在 Main()方法中,分别创建了 Circle 对象和 Rectangle 对象,并调用了 GetArea()方法。

程序运行结果如图 3-12 所示。

图 3-12　抽象类演示程序运行结果

抽象类也可以进行多态编程,如在示例 AbstractDemo 中,可以将 Main()方法中的第51行至第53行代码修改如下。

```
51              Shape[] shp = new Shape[2];
52              shp[0] = new Circle(10.1);
53              shp[1] = new Rectangle(20.2, 10.1);
54              Console.WriteLine("圆的面积: {0}", shp[0].GetArea());
55              Console.WriteLine("矩形面积: {0}", shp[1].GetArea());
```

这样就实现了多态编程,运行结果与图 3-12 相同。

3.6　委　托

C♯语言没有像 C++那样的函数指针,因此在需要使用函数指针的场合便采用委托类型来模拟,这种模拟是完全面向对象的。

3.6.1　委托的声明

委托的声明格式如下。

[访问修饰符] delegate 返回类型 委托名([参数列表]);

格式说明:

(1) 访问修饰符主要有 public、protected、internal 和 private。

(2) delegate 是声明委托的关键字。

(3) 返回类型是委托要封装的方法的返回类型。

(4) 委托名是一个标准的标识符,用于创建委托对象。

(5) 参数列表是委托要封装的方法的参数列表。

下面看一个委托声明的例子。

public delegate int Calc(int x, int y);

3.6.2　委托的使用

有了委托,就可以通过委托对象来封装方法,然后通过委托对象间接调用封装方法,下面看个例子。

程序清单:codes\03\DelegateDemo\Program. cs

```
1    namespace DelegateDemo
2    {
3        public delegate int Calc(int x, int y);
4        class Program
5        {
6            static int Add(int x, int y)
7            {
8                return (x + y);
9            }
10           static int Sub(int x, int y)
11           {
12               return (x - y);
13           }
14           static int Mul(int x, int y)
15           {
16               return (x * y);
17           }
18           static int Div(int x, int y)
19           {
```

```
20              return (x / y);
21          }
22      static void Main(string[] args)
23      {
24          Console.WriteLine("委托演示程序");
25          Console.WriteLine("===============");
26          int x = 20, y = 10;
27          Calc c;
28          c = new Calc(Add);
29          Console.WriteLine("{0} + {1} = {2}", x, y, c(x, y));
30          c = new Calc(Sub);
31          Console.WriteLine("{0} - {1} = {2}", x, y, c(x, y));
32          c = new Calc(Mul);
33          Console.WriteLine("{0} * {1} = {2}", x, y, c(x, y));
34          c = new Calc(Div);
35          Console.WriteLine("{0}/{1} = {2}", x, y, c(x, y));
36          Console.WriteLine();
37      }
38  }
39 }
```

代码解释：

（1）第3行代码定义了一个委托名Calc，注意它是要封装的方法的签名。

（2）第6行～第21行代码分别定义了Add()、Sub()、Mul()和Div()4个方法，这些方法对两个参数进行加、减、乘、除运算，它们将要被Calc委托封装调用。

（3）第27行代码声明了一个Calc委托类型的对象c。

（4）第28行代码实例化了c对象，并封装了Add()方法。

（5）第29行代码通过委托对象c调用了Add()方法，并输出其返回结果。

（6）委托对象c对其他方法的封装及调用原理同上，此处不再赘述。

程序运行结果如图3-13所示。

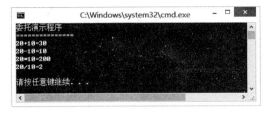

图3-13　委托演示程序运行结果

3.6.3　委托的多播

委托的多播，也叫多路广播，即一个委托对象可以同时封装多个方法。这是通过系统重载"＋＝"操作符实现的。当通过委托对象触发方法调用时，这些方法将先后被调用。下面看一个例子。

　　程序清单：codes\03\DelegateMulticastDemo\Program.cs

```
1  namespace DelegateMulticastDemo
```

```
2  {
3      public delegate void Calc(int x, int y);
4      class Program
5      {
6          static void Add(int x, int y)
7          {
8              Console.WriteLine("{0} + {1} = {2}", x, y, x + y);
9          }
10         static void Sub(int x, int y)
11         {
12             Console.WriteLine("{0} - {1} = {2}", x, y, x - y);
13         }
14         static void Mul(int x, int y)
15         {
16             Console.WriteLine("{0} * {1} = {2}", x, y, x * y);
17         }
18         static void Div(int x, int y)
19         {
20             Console.WriteLine("{0}/{1} = {2}", x, y, x / y);
21         }
22         static void Main(string[] args)
23         {
24             Console.WriteLine("委托的多播演示程序");
25             Console.WriteLine(" ================== ");
26             int x = 20, y = 10;
27             Calc c = new Calc(Add);
28             c += new Calc(Sub);
29             c += new Calc(Mul);
30             c += new Calc(Div);
31             c(x, y);
32             Console.WriteLine();
33         }
34     }
35 }
```

代码解释：

（1）第 3 行代码定义了一个委托类型 Calc，它要封装的方法返回类型为 void，且有两个 int 类型参数。

（2）第 6 行～第 21 行代码分别定义了 Add()、Sub()、Mul()和 Div() 4 个方法，这些方法将同时被委托类型 Calc 的对象所封装。

（3）第 27 行代码实例化 Calc 委托类型对象 c，并封装 Add()方法。

（4）第 28 行～第 30 行代码通过"＋＝"操作符为对象 c 陆续添加封装方法 Sub()、Mul()和 Div()。

（5）第 31 行代码通过对象 c 触发了封闭方法的调用。

程序运行结果如图 3-14 所示。

图 3-14　委托的多播演示程序运行结果

3.7　接　　口

3.7.1　接口的概念

在 3.5.3 小节讲过抽象类，它可以有抽象成员，也可以有普通成员，其本身不能创建对象，而通常需要被子类继承。

现在要讲的接口，则是一份"契约"，它只能有抽象成员，其本身也不能创建对象，而需要通过类来实现。注意，这里说的是实现，而不是继承，它们的区别是继承体现的是父类与子类的家族相似性，而实现则体现的是接口与实现它的类之间的相关性。我们可以说一个类继承了某个类，但不能说一个类继承了某个接口，而只能说一个类实现了某个接口。

C#语言不支持多重继承，即只支持单重继承。换句话说，一个类只能有一个父类。但C#语言允许实现多个接口。

3.7.2　接口的定义

下面看一个接口定义的例子，然后再讲解定义接口的注意事项。

```
1   public interface IRunner
2   {
3       void Run();
4       int Age
5       {
6           get;
7           set;
8       }
9   }
```

关于接口的定义，需要注意如下几点。

（1）第 1 行代码中，public 是可访问性修饰符，其他的还可以使用 protected、internal、protected internal 和 private；interface 是定义接口的关键字；IRunner 是接口名，只要是合法的标识符即可，不过，接口名习惯上用大写字母 I 开头。

（2）第 3 行代码定义了抽象方法 Run()，抽象方法没有{}这对大括弧。另外，由于接口内抽象成员默认的访问性都是 public，所以不能显式使用任何访问修饰符。

（3）第 4 行～第 8 行代码定义了抽象属性 Age，抽象属性内部的 get 访问器和 set 访问器均没有{}这对大括号。

有了 IRunner 这个接口，下面研究一下它的具体使用方法。

3.7.3　接口的实现

如果不被实现，接口就没有什么用处。实际上，接口中的抽象成员就是一些协议，要求实现它的类去严格遵守，一个接口可以被多个类实现，一个类也可以实现多个接口。下面的例子展示了接口是如何实现的。

程序清单：codes\03\InterfaceDemo\Program. cs

```
1    namespace InterfaceDemo
2    {
3        public interface IRunner
4        {
5            void Run();
6            int Age
7            {
8                get;
9                set;
10           }
11       }
12       class Animal : IRunner
13       {
14           private int age;
15           public virtual void Run()
16           {
17               Console.WriteLine("动物在跑...");
18           }
19           public int Age
20           {
21               get
22               {
23                   return age;
24               }
25               set
26               {
27                   age = value;
28               }
29           }
30       }
31       class Car : IRunner
32       {
33           private int age;
34           public virtual void Run()
35           {
36               Console.WriteLine("汽车在跑...");
37           }
38           public int Age
39           {
40               get
41               {
```

```
42              return age;
43          }
44          set
45          {
46              age = value;
47          }
48      }
49  }
50  class Program
51  {
52      static void Main(string[] args)
53      {
54          Console.WriteLine("接口演示程序");
55          Console.WriteLine(" ================== ");
56          IRunner ir = new Animal();
57          ir.Run();
58          ir.Age = 2;
59          Console.WriteLine("这个动物" + ir.Age + "岁了");
60          ir = new Car();
61          ir.Run();
62          ir.Age = 3;
63          Console.WriteLine("这个车" + ir.Age + "年了");
64          Console.WriteLine();
65      }
66  }
67 }
```

代码解释：

（1）第3行～第11行代码定义了接口IRunner。

（2）第12行～第30行代码定义了Animal类，它实现了IRunner接口。

（3）第31行～第49行代码定义了Car类，它实现了IRunner接口。

（4）Animal类和Car类是风马牛不相及的两个类，可是它们却都实现了IRunner接口，这就是接口存在的最大价值，它可以让两个毫不相关的类遵守相同的规范。毫不相关的两个类要继承一个抽象类是不妥当的，因为继承抽象类的两个子类应该是同一家族的。

（5）第56行代码声明了IRunner类型的一个变量ir，并初始化为Animal对象，而第60行代码则将ir重新初始化为Car对象，这就是多态。接下来就会看到，这两个对象分别展现出了不同的状态和行为。

程序运行结果如图3-15所示。

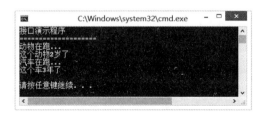

图3-15　接口演示程序运行结果

3.8　复杂类成员设计

3.8.1　运算符重载

　　C♯语言中的运算符有一元的,也有二元的。在二元运算符中,"+"可用于两个数相加,也可以对两个字符串进行连接。明明是一个"+"运算符,怎么就有了两重含义？实际上,这是 C♯语言对"+"运算符进行了重载的结果。那么程序员可不可以对"+"运算符(或者其他运算符)进行重载,以表达自己的含义呢？答案是肯定的,C♯语言允许对运算符进行重载。

1. 二元运算符"+"重载示例

　　假设你去 A 商贩那买了 3.5 斤苹果,每斤苹果 2.5 元,后来想想不够,就又去了 B 商贩那买了 4.5 斤苹果,每斤 3 元,这时你总共花了多少钱？这个问题就可以通过重载"+"运算符来解决。

　　程序清单：codes\03\BinaryOperatorDemo\Program. cs

```
1   namespace BinaryOperatorDemo
2   {
3       class Apple
4       {
5           public double weight;
6           public double price;
7           public Apple(double w, double p)
8           {
9               weight = w;
10              price = p;
11          }
12          public static double operator + (Apple a1, Apple a2)
13          {
14              return a1.weight * a1.price + a2.weight * a2.price;
15          }
16      }
17      class Program
18      {
19          static void Main(string[] args)
20          {
21              Console.WriteLine("二元运算符" + "重载演示程序");
22              Console.WriteLine(" =========================== ");
23              Apple a1 = new Apple(3.5, 2.5);
24              Apple a2 = new Apple(4.5, 3);
25              double money = a1 + a2;
26              Console.WriteLine("买苹果总共花了" + money + "元");
27              Console.WriteLine();
28          }
29      }
30  }
```

代码解释：

（1）第 12 行～第 15 行代码对"＋"运算符进行了重载，不难发现，运算符重载类似于方法声明，只不过，public、static 和 operator 这三个关键字必须联合使用；double 为返回值类型；a1 和 a2 是"＋"运算符要使用的两个参数，且均为 Apple 类型。通俗地解释这段运算符重载代码，就是"两个 Apple 相加，返回总价"。

（2）在 Main()方法中，第 23 行和第 24 行代码初始化了 a1 和 a2 两个对象；第 25 行代码则使用了重载后的"＋"运算符。

程序运行结果如图 3-16 所示。

图 3-16 二元运算符"＋"重载演示程序运行结果

2. 一元运算符"＋＋"重载示例

假设某公司员工的薪酬分成 5 个级别，每级工资由基本工资加上津贴构成。不同级别的工资组成情况如表 3-3 所示。

表 3-3 某公司不同级别工资组成情况表 单位：元

工 资 级 别	基 本 工 资	津 贴
1	3000	2500
2	2500	2000
3	2000	1500
4	1500	1000
5	1000	500

员工在公司工作一定年限后，考虑到其贡献情况，工资级别会做不同调整。下面就编写一个通过重载"＋＋"运算符来模拟工资级别上调情况的类。

程序清单：codes\03\UnaryOperator\Program.cs

```
1    namespace UnaryOperator
2    {
3        class Employee
4        {
5            public string EmpNo;            //工号
6            public string Name;             //员工姓名
7            public int Level;               //工资级别
8            public decimal BasicWages;      //基本工资
9            public decimal Bonus;           //津贴
10           //
11           public Employee(string empno, string name, int level,
12                        decimal basicwages, decimal bonus)
13           {
14               EmpNo = empno;
15               Name = name;
```

```
16                 Level = level;
17                 BasicWages = basicwages;
18                 Bonus = bonus;
19             }
20         public static Employee operator ++(Employee emp)
21         {
22             if (emp.Level > 1)
23             {
24                 emp.BasicWages += 500;
25                 emp.Bonus += 500;
26                 emp.Level -- ;
27             }
28             return emp;
29         }
30         public void ShowEmployee()
31         {
32             Console.WriteLine("工号:{0} 姓名:{1} 工资级别:{2} " +
33                 "基本工资:{3} 津贴:{4}",EmpNo,
34             Name, Level, BasicWages, Bonus);
35         }
36     }
37     class Program
38     {
39         static void Main(string[] args)
40         {
41             Console.WriteLine("一元运算符"++"重载演示程序");
42             Console.WriteLine(" ============================== ");
43             Employee emp = new Employee("E001", "赵雨阳", 5, 1000, 500);
44             emp.ShowEmployee();
45             emp++;
46             emp.ShowEmployee();
47             Console.WriteLine();
48         }
49     }
50 }
```

代码解释:

(1) 第 20 行~第 29 行代码对一元运算符"++"进行了重载,以实现工资级别的上调。其中第 22 行的 if 判断表示工资级别最高只能上调到第 1 级。

(2) 在 Main()方法中,第 43 行代码创建了一个 Employee 对象;第 44 行代码显示该对象工资级别上调前的状态;第 45 行代码使用了"++"运算符上调工资级别;第 46 行代码显示该对象工资级别上调后的状态。

程序运行结果如图 3-17 所示。

图 3-17　一元运算符"++"重载演示程序运行结果

3.8.2 索引器

索引器是类的一种特殊成员，相当于类的一个"中介"。在类内，它封装类的一个数组或集合；在类外，它允许类的用户以对象数组的方式访问类内的数组或集合。索引器有其特殊的语法格式。

```
[访问修饰符]数据类型 this[int index]
{
    //访问类内部数组或集合代码
}
```

格式说明：

（1）访问修饰符可以是 public、protected、internal 和 private。

（2）数据类型可以是任意类型。

（3）this 是声明索引器的关键字。

（4）索引器体的实现代码使用 get 访问器和 set 访问器，这与属性语法相同。

下面看一个索引器的例子。

程序清单：codes\03\IndexerDemo\Program.cs

```
1   namespace IndexerDemo
2   {
3       class Week
4       {
5           private string[] days = { "星期一", "星期二", "星期三", "星期四",
6                       "星期五", "星期六", "星期日" };
7           public string this[int index]
8           {
9               get
10              {
11                  return days[index];
12              }
13              set
14              {
15                  days[index] = value;
16              }
17          }
18          public int GetLength()
19          {
20              return days.Length;
21          }
22      }
23      class Program
24      {
25          static void Main(string[] args)
26          {
27              Console.WriteLine("索引器演示程序");
28              Console.WriteLine("================");
29              Week w = new Week();
30              for (int i = 0; i < w.GetLength(); i++)
31              {
```

```
32                      Console.WriteLine(w[i]);
33                  }
34              Console.WriteLine();
35          }
36      }
37 }
```

代码解释：

（1）第 3 行～第 22 行代码自定义了类 Week。

（2）第 5 行代码声明了一个 string 类型的一维数组 days 并做了初始化，它将被索引器封装。

（3）第 7 行～第 17 行代码定义了 Week 类的一个索引器，该索引器有一个 index 参数，索引器体由 get 访问器和 set 访问器组成，其中 get 访问器用于读取 days 数组的第 index 个元素，set 访问器用于修改 days 数组的第 index 个元素。

（4）第 18 行～第 21 行代码定义了一个 GetLength() 方法，它返回被封装的 days 数组的 Length 属性。

（5）第 29 行代码创建了 Week 类的一个对象 w。

（6）第 30 行～第 33 行代码构建了一个 for 循环，其中，第 32 行代码中的"w[i]"语法就是索引器语法，不然无法使用数组语法来操作对象 w。当然在这里访问 w[i]，实际上就是访问 w 对象中的 days 数组的第 i 个元素。

程序运行结果如图 3-18 所示。

图 3-18　索引器演示程序运行结果

3.8.3　事件

在类的各种成员中，事件可能是其中最复杂的一种。很多书只是讲解如何使用现成的事件编程，而没有讲解自定义事件的编程原理。下面开始讲解如何自定义事件以及如何使用它们。

事件好比一个"中介"，一边连着事件触发者，一边连着事件订阅者。当满足事先设定的触发条件时，触发者将触发事件，事件将通知订阅者，而订阅者将以适当的方法进行响应。

1. 事件触发者

以事件触发者的角度编程，需要做 3 件事情：定义委托、定义事件和触发事件。

（1）定义委托

在定义事件前，需要先定义一个委托，它的作用就是规定事件订阅者将来响应事件的方法签名格式。其语法格式如下。

```
public delegate void AlertHandler();
```

（2）定义事件

定义事件需要用委托，还要用 event 关键字。其语法格式如下。

```
public event AlertHandler Alert;
```

（3）触发事件

有了事件就可以安排触发事件的场合了。事件在什么场合触发和应用程序逻辑有关。例如下面要讲的示例程序 EventDemo 写的就是一个闹钟程序，当报警时间到时，事件就触发。详细代码可以看下面的示例程序，在这里仅提供触发事件的代码。

```
Alert();
```

不难发现，所谓触发事件，就是像调用方法一样调用事件即可。下面讲以事件订阅者的角度编程。

2. 事件订阅者

所谓事件订阅者，就是当事件触发时获得事件触发消息的用户。以订阅者的角度编程较简单，只需执行一个订阅操作，并提供一个符合事件需要的方法即可。当事件触发时，事件订阅者将在该方法中获得关于事件的详细描述信息。这方面编程主要做两件事情：订阅事件和定义方法。

（1）订阅事件

订阅事件就是向包含事件的对象订阅。例如：

```
Clock clk = null;
clk = new Clock(hour, minute, second);
clk.Alert += new AlertHandler(clk_Alert);
```

上述代码中，Clock 是包含事件对象的类，通过 new 操作符创建了 Clock 对象；hour、minute 和 second 则是通过构造方法传递的参数；Alert 就是事件；"＋＝"操作符用于向事件对象订阅事件；AlertHandler 是委托，它规定了事件订阅者提供的方法签名格式；clk_Alert 是事件订阅者提供的方法的名字。关于这几行代码的更详细解释可参见示例程序 EventDemo。

（2）定义方法

事件订阅者定义的方法签名要符合定义事件的委托类型。例如：

```
static void clk_Alert()
{
    Console.WriteLine("时间到了!");
}
```

下面看一个综合示例。这是一个闹钟程序，当到达事先设定好的报警时间时，程序将输出一句话作为报警信号。

程序清单：codes\03\EventDemo\Program. cs

```
1   using System.Timers;
2   namespace EventDemo
3   {
```

```
4       public delegate void AlertHandler();
5       class Clock
6       {
7           public event AlertHandler Alert;
8           private Timer timer;
9           private int hour, minute, second;
10          public Clock(int h, int m, int s)
11          {
12              hour = h;
13              minute = m;
14              second = s;
15              timer = new Timer(1000);
16              timer.Elapsed += new ElapsedEventHandler(timer_Elapsed);
17              timer.Enabled = true;
18          }
19          void timer_Elapsed(object sender, ElapsedEventArgs e)
20          {
21              int h = DateTime.Now.Hour;
22              int m = DateTime.Now.Minute;
23              int s = DateTime.Now.Second;
24              if ((hour == h) && (minute == m) && (second == s))
25              {
26                  Alert();
27              }
28          }
29      }
30      class Program
31      {
32          static void Main(string[] args)
33          {
34              Console.WriteLine("请输入报警时间：");
35              Console.Write("小时：");
36              int hour = int.Parse(Console.ReadLine());
37              Console.Write("分钟：");
38              int minute = int.Parse(Console.ReadLine());
39              Console.Write("秒钟：");
40              int second = int.Parse(Console.ReadLine());
41              Console.WriteLine("等待报警中...");
42              int c;
43              Clock clk = null;
44              do
45              {
46                  clk = new Clock(hour, minute, second);
47                  clk.Alert += new AlertHandler(clk_Alert);
48              }
49              while((c = Console.Read())!= -1);
50          }
51          static void clk_Alert()
52          {
53              Console.WriteLine("时间到了!");
54          }
```

```
55        }
56  }
```

代码解释：

① 第 1 行代码导入了 System. Timers 命名空间，因为要用到该命名空间中的 Timer 类，这个类是系统计时器，它能在应用程序中产生周期性的时间间隔。

② 第 4 行代码定义了一个委托类型 AlertHandler。

③ 第 5 行～第 29 行代码定义了时钟类 Clock。

④ 第 7 行代码定义了事件 Alert。

⑤ 第 8 行代码定义了计时器对象 timer，其中，Timer 是系统计时器类。

⑥ 第 9 行代码定义了三个 int 类型变量 hour、minute 和 second，分别代表小时、分钟和秒钟。

⑦ 第 10 行～第 18 行代码定义了 Clock 类的构造方法，其中，第 15 行代码初始化了 timer 对象，其中 1000 表示 timer 对象产生的周期性时间间隔是 1000 毫秒。第 16 行代码订阅了 timer 对象的 Elapsed 事件，响应方法是 timer_Elapsed() 方法。第 17 行代码设置 timer 对象的 Enabled 属性为 true，表示让计时器开始工作。

⑧ 第 19 行～第 28 行代码定义了 timer_Elapsed() 方法，这个方法首先获得当前系统时间的小时、分钟和秒钟，然后用它们与事先设定的报警时间对比，如果相等，则触发事件。第 26 行代码就是触发 Alert 事件的代码。

⑨ 第 30 行～第 55 行代码定义的 Program 类将订阅 Alert 事件。

⑩ 第 34 行～第 40 行代码接收从键盘输入的报警时间，小时、分钟和秒钟分别存入三个局部变量 hour、minute 和 second 中。

⑪ 第 42 行代码声明了 int 类型的变量 c，它用于控制程序何时结束。

⑫ 第 43 行代码声明了 Clock 类型对象变量 clk。

⑬ 第 44 行～第 49 行代码构建了一个 do...while 循环，循环结束条件是从键盘接收的字符等于-1，当同时按下 Ctrl 键和 Z 键时，即产生-1，程序结束。

⑭ 第 46 行代码初始化了 clk 对象，hour、minute 和 second 三个报警时间参数传入构造方法。

⑮ 第 47 行代码订阅了 clk 对象的 Alert 事件。

⑯ 第 51 行～第 54 行代码定义了 clk_Alert() 方法来响应 Alert 事件。

程序运行结果如图 3-19 所示。

图 3-19　事件演示程序运行结果

第 4 章 C#语言 I/O 程序设计

4.1 概 述

C#语言的 I/O(Input/Output)程序设计主要包括对磁盘的 I/O 操作、对内存的 I/O 操作和对网络的 I/O 操作等内容。本章重点讲解对磁盘的 I/O 操作。

操作磁盘就是操作磁盘上的文件,而对磁盘的 I/O 操作就是读写磁盘文件。关于 I/O 操作的类都位于 System.IO 命名空间中。为了能顺利掌握这部分知识,现将本章涉及的类的继承层次结构绘制成图(如图 4-1 所示),在深入学习这些类之前,最好先熟悉这些类在继承链中的位置及彼此之间的关系。

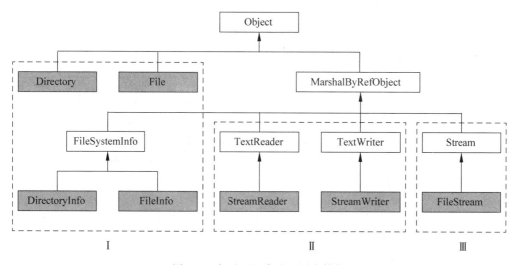

图 4-1 主要 I/O 类继承层次结构

图 4-1 将类分成了 3 组,第 I 组为目录与文件操作类;第 II 组为按照字符流方式读写文件的类;第 III 组为按照字节流方式读写文件的类。

4.2 目录与文件操作

4.2.1 目录操作

操作目录的类有两个:DirectoryInfo 类和 Directory 类。前者提供实例方法,后者提供静态方法。

1. DirectoryInfo 类

这个类的原型声明格式如下。

```
public sealed class DirectoryInfo : FileSystemInfo
```

sealed 关键字说明这个类不能被继承，而它继承自 FileSystemInfo 类。

DirectoryInfo 类提供了许多实例方法和属性来操作目录，如创建目录、删除目录、获得目录中的文件名等，但是在执行这些操作之前，需要先创建 DirectoryInfo 类的对象，具体代码如下。

```
string path = "c:\\我的作品\\文章";
DirectoryInfo di = new DirectoryInfo(path);
```

上述代码中，path 变量代表要操作的目录，目录之间的分隔要用"\\"或"/"，而不能用"\"，因为"\"用于转义字符。

DirectoryInfo 类常用的方法如表 4-1 所示，其常用的属性如表 4-2 所示。

表 4-1　DirectoryInfo 类常用的方法

功　　能	方　　法	使　用　说　明
创建目录	Create()	如果目录已经存在，则此方法不执行任何操作
删除目录	Delete()	删除不含文件或子目录的目录
	Delete(bool recursive)	如果 recursive 为 true，则删除该目录及其下的所有子目录和文件，如果为 false，则与无参的 Delete() 相同
创建子目录	CreateSubdirectory(string path)	path 参数可指定相对路径，如果该目录已经存在，则此方法不执行任何操作
移动目录	MoveTo（string destDirName)	该方法将该目录下的所有子目录及文件移动到参数 destDirName 指定的目标目录下，但要注意，源目录和目标目录不能跨盘符，并且，目标目录不能存在，如果存在，将产生异常
获得所有子目录	GetDirectories()	该方法将以 DirectoryInfo[] 形式返回该目录下的所有子目录，如果没有子目录，将返回空数组
获得所有文件	GetFiles ()	方法将以 FileInfo[] 形式返回当前目录下的所有文件，如果没有文件，则此方法返回一个空数组

表 4-2　DirectoryInfo 类常用的属性

属　　性	类　　型	功　能　说　明
Exists	bool	如果目录存在，返回 true，否则返回 false
CreationTime	DateTime	获取或设置当前目录的创建时间
LastAccessTime	DateTime	获取或设置最后访问当前目录的时间
LastWriteTime	DateTime	获取或设置最后写入当前目录的时间
FullName	string	获取当前目录的完整目录
Root	DirectoryInfo	获取当前目录的根目录

下面看一个利用示例方法操作目录的示例程序。

程序清单：codes\04\DirectoryInfoDemo\Program.cs

```
1   namespace DirectoryInfoDemo
2   {
3       class Program
4       {
5           static void Main(string[] args)
6           {
7               Console.WriteLine("DirectoryInfo 类演示程序");
8               Console.WriteLine(" =============================== ");
9               string srcDirName = "c:\\我的作品\\文章";
10              string destDirName = "c:\\My Works";
11              DirectoryInfo di1 = new DirectoryInfo(srcDirName);
12              DirectoryInfo di2 = new DirectoryInfo(destDirName);
13              if (di1.Exists)
14              {
15                  di1.Delete(true);
16              }
17              di1.Create();
18              di1.CreateSubdirectory("散文");
19              di1.CreateSubdirectory("小说");
20              //
21              if (di2.Exists)
22              {
23                  di2.Delete(true);
24              }
25              di1.MoveTo(destDirName);
26              DirectoryInfo[] dis = di2.GetDirectories();
27              foreach (DirectoryInfo di in dis)
28              {
29                  Console.WriteLine(di.FullName);
30              }
31              FileInfo[] fis = di2.GetFiles();
32              foreach (FileInfo fi in fis)
33              {
34                  Console.WriteLine(fi.Name);
35              }
36              Console.WriteLine(di2.CreationTime.ToString());
37              Console.WriteLine(di2.LastWriteTime.ToString());
38              Console.WriteLine(di2.LastAccessTime.ToString());
39              Console.WriteLine(di2.FullName);
40              Console.WriteLine(di2.Root);
41          }
42      }
43  }
```

代码解释：

（1）第 9 行声明的变量 srcDirName 表示源目录。

（2）第 10 行声明的变量 destDirName 表示目标目录。

91

（3）第 11 行创建的 DirectoryInfo 对象变量 di1 封装了源目录变量 srcDirName。

（4）第 12 行创建的 DirectoryInfo 对象变量 di2 封装了目标目录变量 destDirName。

（5）第 13 行～第 16 行代码构建了 if 语句,用 Exists 属性判断源目录是否存在,如果存在,调用 Delete(true)方法删除。

（6）第 17 行代码调用 Create()方法创建源目录。

（7）第 18 行和第 19 行代码创建源目录的两个子目录。

（8）第 21 行～第 24 行代码构建了 if 语句,用 Exists 属性判断目标目录是否存在,如果存在,调用 Delete(true)方法删除。

（9）第 25 行代码调用 MoveTo()方法将当前目录下的内容移到目标目录中。

（10）第 26 行～第 30 行代码调用 GetDirectories()方法获取当前目录下的所有子目录,并通过 foreach 循环遍历显示。

程序运行结果如图 4-2 所示。

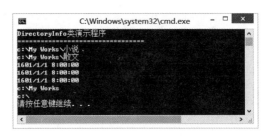

图 4-2 DirectoryInfo 类演示程序运行结果

2. Directory 类

该类的原型声明格式如下。

```
public static class Directory
```

static 关键字说明 DirectoryInfo 类是个静态类,它提供了许多静态方法来操作目录,如创建目录、删除目录等,调用这些方法只需要使用其类名即可。Directory 类常用的方法如表 4-3 所示。

表 4-3 Directory 类常用的方法

功　能	方　法	使 用 说 明
创建目录	CreateDirectory(string path)	创建 path 参数指定的任意和所有目录,如果目录存在,则不执行任何操作
删除目录	Delete(string path)	删除 path 指定的目录,前提是该目录为空
	Delete(string path,bool recursive)	如果 recursive 为 true,则删除 path 指定的目录及其包含的内容,如果为 false,则只删空目录
判断目录是否存在	Exists(string path)	如果 path 目录存在,返回 true,否则返回 false
移动目录	Move(string sourceDirName, string destDirName)	该方法将 sourceDirName 目录下的所有子目录及文件移动到 destDirName 目录下,但要注意,源目录和目标目录不能跨盘符,并且,目标目录不能存在,如果存在,将产生异常

续表

功　　能	方　　法	使 用 说 明
获得所有子目录	GetDirectories(string path)	以 string[]形式返回 path 指定目录下的所有子目录的名称,如果没有目录,则此方法返回一个空数组
获得所有文件	GetFiles(string path)	该方法将以 string[]形式返回当前目录下的所有文件名称,如果没有文件,则此方法返回一个空数组
获得目录创建时间	GetCreationTime(string path)	返回 path 指定目录的创建日期和时间
获得目录最后访问时间	GetLastAccessTime(string path)	返回 path 指定目录的最后访问日期和时间
获得目录最后修改时间	GetLastWriteTime (string path)	返回 path 指定目录的最后修改日期和时间
获得目录的根目录	GetDirectoryRoot()	获得当前目录的根目录

下面看一个用静态方法操作目录的示例程序。

程序清单：codes\04\DirectoryDemo\Program. cs

```
1   namespace DirectoryDemo
2   {
3       class Program
4       {
5           static void Main(string[] args)
6           {
7               Console.WriteLine("Directory 类演示程序");
8               Console.WriteLine(" ================================ ");
9               string srcDirName = "c:\\我的作品\\文章";
10              string destDirName = "c:\\My Works";
11              if (Directory.Exists(srcDirName))
12              {
13                  Directory.Delete(srcDirName, true);
14              }
15              Directory.CreateDirectory(srcDirName);
16              Directory.CreateDirectory(srcDirName + "\\散文");
17              Directory.CreateDirectory(srcDirName + "\\小说");
18              //先判断,如果存在就删除
19              if (Directory.Exists(destDirName))
20              {
21                  Directory.Delete(destDirName, true);
22              }
23              Directory.Move(srcDirName,destDirName);
24              string[] dirs = Directory.GetDirectories(destDirName);
25              foreach (string s in dirs)
26              {
27                  Console.WriteLine(s);
28              }
29              string[] fis = Directory.GetFiles(destDirName);
30              foreach (string s in fis)
31              {
32                  Console.WriteLine(s);
```

93

```
33              }
34              //输出
35          Console.WriteLine(Directory.GetCreationTime(destDirName).ToString());
36          Console.WriteLine(Directory.GetLastAccessTime(destDirName).ToString());
37          Console.WriteLine(Directory.GetLastWriteTime(destDirName).ToString());
38          Console.WriteLine(Directory.GetDirectoryRoot(destDirName));
39          }
40      }
41 }
```

代码解释：

（1）仔细对比本示例程序和 DirectoryInfoDemo 程序会发现，DirectoryInfo 类和 Directory 类完成的功能基本相同，只不过前者使用实例方法，后者使用静态方法。在编程实践中，在完成相同功能的前提下，如果仅需使用一次，以 Directory 类为宜；如果需要使用多次，以 DirectoryInfo 类为宜。

（2）具体代码解释与示例 DirectoryInfoDemo 相似，此处不再赘述。

程序运行结果如图 4-3 所示。

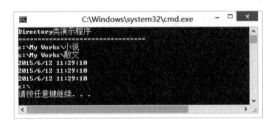

图 4-3　Directory 类演示程序运行结果

4.2.2　文件操作

操作文件的类有两个：FileInfo 类和 File 类。其中前者提供实例方法，后者提供静态方法。

1. FileInfo 类

这个类的原型声明格式如下。

```
public sealed class FileInfo : FileSystemInfo
```

sealed 关键字说明这个类不能被继承，而它本身继承自 FileSystemInfo 类。

关于 FileInfo 类创建文件、删除文件以及读写文件的方法将在 4.3 节和 4.4 节重点讲解，本节只讲针对现存文件的一些常用属性，如表 4-4 所示。

表 4-4　FileInfo 类常用的属性

属　　性	类　　型	功　能　说　明
Name	string	获取文件名称
Extension	string	获取文件扩展名
DirectoryName	string	获取文件所在的目录
FullName	string	获取带全目录的文件名

属　性	类　型	功　能　说　明
Length	long	获取当前文件的大小(字节)
CreationTime	DateTime	获取或设置当前文件的创建时间
LastAccessTime	DateTime	获取或设置当前文件的最后访问时间
LastWriteTime	DateTime	获取或设置当前文件的最后修改时间

下面看一个用实例方法操作文件的示例程序。注意:为保证本示例程序成功,请确保 C 盘根目录下有一个文本文件,名叫 test.txt。

程序清单: codes\04\FileInfoDemo\Program.cs

```
1   namespace FileInfoDemo
2   {
3       class Program
4       {
5           static void Main(string[] args)
6           {
7               Console.WriteLine("FileInfo 类演示程序");
8               Console.WriteLine("========================");
9               string fileName = "c:\\test.txt";
10              FileInfo fi = new FileInfo(fileName);
11              Console.WriteLine("文件名:{0}",fi.Name);
12              Console.WriteLine("扩展名:{0}", fi.Extension);
13              Console.WriteLine("目录名:{0}", fi.DirectoryName);
14              Console.WriteLine("全　名:{0}", fi.FullName);
15              Console.WriteLine("文件大小:{0}",fi.Length.ToString() + "字节");
16              Console.WriteLine("文件创建时间:{0}",fi.CreationTime.ToString());
17              Console.WriteLine("最后访问时间:{0}",fi.LastAccessTime.ToString());
18              Console.WriteLine("最后修改时间:{0}",fi.LastWriteTime.ToString());
19              Console.WriteLine();
20          }
21      }
22  }
```

代码解释:

(1) 第 9 行代码声明一个 string 类型变量,初始化文件名为 c:\\test.txt,注意确保该文件要存在。

(2) 第 10 行代码创建一个 FileInfo 类的对象。

(3) 第 11 行～第 18 行代码分别输出了 FileInfo 类对象的一些常用属性。

程序运行结果如图 4-4 所示。

2. File 类

该类的原型声明格式如下。

```
public static class File
```

static 关键字说明 File 类是个静态类,它提供了许多静态方法来操作文件,关于创建文件、读写文件等方法将在 4.3 节和 4.4 节讲解,此处讲解的方法如表 4-5 所示。

图 4-4　FileInfo 类演示程序运行结果

表 4-5　File 类常用的方法

功　　能	方　　法	使 用 说 明
获得文件创建时间	GetCreationTime（string path)	返回 path 指定文件的创建日期和时间
获得文件最后访问时间	GetLastAccessTime （string path)	返回 path 指定文件的最后访问日期和时间
获得文件最后修改时间	GetLastWriteTime （string path)	返回 path 指定文件的最后修改日期和时间

下面看一个利用静态方法操作文件的示例程序。

程序清单：codes\04\FileDemo\Program. cs

```
1    namespace FileDemo
2    {
3        class Program
4        {
5            static void Main(string[] args)
6            {
7                Console.WriteLine("File 类演示程序");
8                Console.WriteLine(" ====================== ");
9                string fileName = "c:\\test.txt";
10               Console.WriteLine("文件创建时间:{0}",
11                       File.GetCreationTime(fileName).ToString());
12               Console.WriteLine("最后访问时间:{0}",
13                       File.GetLastAccessTime(fileName).ToString());
14               Console.WriteLine("最后修改时间:{0}",
15                       File.GetLastWriteTime(fileName).ToString());
16               Console.WriteLine();
17           }
18       }
19   }
```

代码解释：

本示例程序调用了 File 类的几个常用方法，具体解释如表 4-5 所示。

程序运行结果如图 4-5 所示。

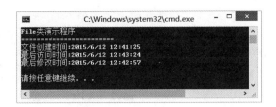

图 4-5　File 类演示程序运行结果

4.3　字符流读写文本文件

读写文件时以字符为单位是一种简便易懂的操作方式,因为人类之间的交流就是以字符为单位的,下面就开始讲解使用字符流来读写文件的方法。

4.3.1　字符流写文本文件

通过字符流写文本文件要使用 StreamWriter 类,该类的构造方法有多种重载形式,此处使用如下形式。

```
public StreamWriter(string path)
```

在上述构造方法中,path 参数为包含完整路径的文本文件名。通过创建 StreamWriter 类的对象就可以用默认的 UTF-8(8-bit Unicode Transformation Format)编码方式向文本文件中写入内容。

下面是一个通过字符流写入文本的示例程序。

程序清单：codes\04\StreamWriterDemo\Program.cs

```
1   namespace StreamWriterDemo
2   {
3       class Program
4       {
5           static void Main(string[] args)
6           {
7               Console.WriteLine("StreamWriter 类演示程序");
8               Console.WriteLine(" ====================== ");
9               string fileName = "e:\\test.txt";
10              StreamWriter sw = new StreamWriter(fileName);
11              Console.WriteLine("请输入一段文本,同时按 Ctrl + Z 结束: ");
12              string s;
13              while ((s = Console.ReadLine()) != null)
14              {
15                  sw.WriteLine(s);
16              }
17              sw.Close();
18              Console.WriteLine("文件写毕!");
19          }
20      }
21  }
```

代码解释：

（1）第 9 行代码定义了 string 类型变量 fileName 用来存储包含完整路径的文件名。

（2）第 10 行代码创建了 StreamWriter 类的对象变量 sw，fileName 变量以参数形式传给了 StreamWriter 类的构造方法。

（3）第 13 行～第 16 行代码构建了 while 循环块，其中通过 string 类型变量 s 来接收键盘输入的文本，每接收一行就通过 StreamWriter 类的 WriteLine()方法将该行内容输出给 StreamWriter 对象指向的文本文件。按下 Ctrl+Z 结束循环。

（4）第 17 行代码调用 StreamWriter 类的 Close()方法结束写文本操作。注意，该方法调用不能省略。因为 StreamWriter 类在写文本文件时是带有缓存区的，缺了 Close()方法的调用（除非单独调用 Flush()方法），缓存区的内容就可能无法全部写入硬盘文件。

程序运行结果如图 4-6 所示。

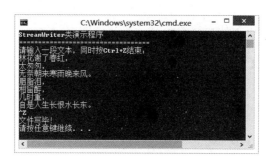

图 4-6　StreamWriter 类演示程序运行结果

创建 StreamWriter 类对象，除了调用 StreamWriter 类的构造方法以外，还有两种方法：一是通过 FileInfo 类创建；二是通过 File 类创建。具体代码如下。

```
//通过 FileInfo 类
FileInfo fi = new FileInfo(fileName);
StreamWriter sw = fi.CreateText();
//通过 File 类
StreamWriter sw = File.CreateText(fileName);
```

4.3.2　字符流读文本文件

通过字符流读文本文件要使用 StreamReader 类，该类的构造方法有多种重载形式，此处使用如下形式：

```
public StreamReader(string path)
```

在上述构造方法中，path 参数为包含完整路径的文本文件名。注意，要确保该文件存在，否则会出现异常。通过创建 StreamReader 类的对象就可以用默认的 UTF-8 编码方式从文本文件中读取内容。

下面是一个通过字符流读取文本文件的示例程序。

程序清单：codes\04\StreamReaderDemo\Program. cs

```
1    namespace StreamReaderDemo
2    {
```

```
3       class Program
4       {
5           static void Main(string[] args)
6           {
7               Console.WriteLine("StreamReader 类演示程序");
8               Console.WriteLine(" ================================ ");
9               string fileName = "e:\\test.txt";
10              StreamReader sr = new StreamReader(fileName);
11              string s;
12              while ((s = sr.ReadLine()) != null)
13              {
14                  Console.WriteLine(s);
15              }
16              sr.Close();
17              Console.WriteLine("文件读毕!");
18              Console.WriteLine();
19          }
20      }
21  }
```

代码解释：

（1）第 10 行代码创建了 StreamReader 类的对象变量 sr，该变量指向磁盘上的一个文本文件，要确保该文件存在，否则会出现异常。

（2）第 12 行~第 15 行代码构建了 while 循环块，通过循环调用 StreamReader 类的 ReadLine()方法读取 sr 变量指向的文本文件的内容，每读取一行，就向 Console 输出一行，直到文件尾，循环结束。程序运行结果如图 4-7 所示。

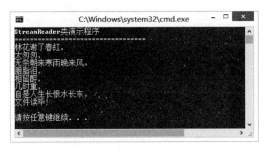

图 4-7　StreamReader 类演示程序运行结果

创建 StreamReader 类对象，除了调用 StreamReader 类的构造方法外，还有两种办法：一是通过 FileInfo 类创建；二是通过 File 类创建。具体代码如下。

```
//通过 FileInfo 类
FileInfo fi = new FileInfo(fileName);
StreamReader sr = fi.OpenText();
//通过 File 类
StreamReader sr = File.OpenText(fileName);
```

4.3.3　关于字符的编码问题

字符是可以按照不同格式进行编码的。同样一段文本，如果按照不同格式进行编码，其显示效果会有很大不同。默认情况下，StreamWriter 类和 StreamReader 类使用 UTF-8 格式对字符进行编码。但是有的软件可能按照其他格式对字符进行编码，如果使用该软件打开不同格式编码的文件，就会出现乱码的情况。例如，使用 Windows 附件中的写字板程序打开 4.3.1 小节创建的文件 test.txt，就会出现如图 4-8 所示的乱码情况。

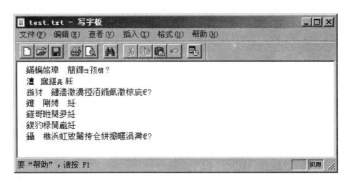

图 4-8 因编码格式不同而出现的乱码情况

解决乱码问题的办法就是在创建 StreamWriter 类对象时指定字符的编码格式。下面列出 Encoding 类支持的几种常用的编码格式，如表 4-6 所示。

表 4-6 Encoding 类支持的常用编码格式

编 码 格 式	使 用 说 明
ASCII	将 Unicode 字符编码为单个 7 位 ASCII 字符，此编码仅支持 U＋0000 和 U＋007F 之间的字符值
Unicode	使用 UTF-16 编码对 Unicode 字符进行编码
UTF32	使用 UTF-32 编码对 Unicode 字符进行编码
UTF7	使用 UTF-7 编码对 Unicode 字符进行编码
UTF8	使用 UTF-8 编码对 Unicode 字符进行编码

关于编码格式的更多内容，感兴趣的读者可以参阅相关书籍。下面编写一个示例程序，通过指定合适的编码格式来避免出现乱码的情况。

程序清单：codes\04\EncodingDemo\Program.cs

```
1   namespace EncodingDemo
2   {
3       class Program
4       {
5           static void Main(string[] args)
6           {
7               Console.WriteLine("Encoding 类演示程序");
8               Console.WriteLine(" ================================== ");
9               string fileName = "e:\\test.txt";
10              StreamWriter sw = new
11                      StreamWriter(fileName,false,Encoding.Unicode);
12              Console.WriteLine("请输入一段文本,同时按 Ctrl＋Z 结束: ");
13              string s;
14              while ((s = Console.ReadLine()) != null)
```

```
15              {
16                  sw.WriteLine(s);
17              }
18              sw.Close();
19              Console.WriteLine("文件写毕!");
20          }
21      }
22  }
```

代码解释:

(1) 本示例程序与示例 StreamWriterDemo 基本相同,区别只在于 StreamWriter 类对象的创建方式不同,下面重点解释这个地方。

(2) 本示例程序在创建 StreamWriter 类对象时,使用的构造方法的原型是 public StreamWriter(string path,bool append,Encoding encoding)。其中,bool 类型的 append 参数确定是否将数据追加到文件中,如果该文件存在,并且 append 为 true,则数据将被追加到该文件中;如果 append 为 false,则该文件将被覆盖;如果该文件不存在,则创建新文件。Encoding 类型的 encoding 参数确定了字符将要使用的编码格式。具体格式如表 4-6 所示。本程序使用了 Unicode 编码格式。

运行示例 EncodingDemo 程序,然后通过控制台输入与示例 StreamWriterDemo 程序相同的文本内容,创建 test. txt 文本文件,再通过 Windows 附件中的"写字板"程序打开该文件,发现乱码问题得到了解决,结果如图 4-9 所示。

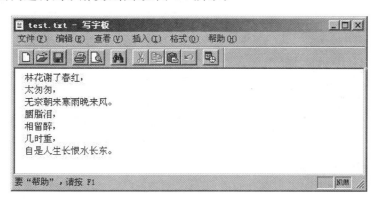

图 4-9   用写字板打开解决了乱码问题的 test. txt 文件

创建 StreamReader 类对象时,也可以指定字符的编码格式,其原理与 StreamWriter 类相同,此处不再赘述。感兴趣的读者可自行试验。

4.4   字节流读写文件

字节流读写文件要使用 FileStream 类,此处先讲解创建 FileStream 对象的方法,然后再探讨如何通过 FileStream 对象来读写文件。

4.4.1 创建 FileStream 类对象

创建 FileStream 对象的方法主要有 3 种。

1. 使用 FileStream 类的构造方法创建 FileStream 对象

该类有多种重载形式的构造方法，本节使用的构造方法如下。

```
public FileStream(string path,FileMode mode,FileAccess access)
```

在上述构造方法的 3 个参数中，path 参数为 FileStream 类将要封装的文件的路径，它可以是绝对路径，也可以是相对路径；参数 mode 用于确定如何创建或打开文件，参数 access 用于确定访问文件的方式。

FileMode 枚举常量与 FileAccess 枚举常量的成员细节分别如表 4-7 和表 4-8 所示。

表 4-7 FileMode 枚举常量

成 员 名 称	含 义 说 明
CreateNew	创建新文件，如果文件已存在，将引发异常
Create	创建新文件，如果文件已存在，它将被覆盖
Open	打开现有文件，如果文件不存在，将引发异常
OpenOrCreate	打开现有文件，如果文件不存在，则创建新文件
Truncate	打开现有文件，并将其覆盖，如果不存在，将引发异常
Append	打开现有文件并移至文件尾，如果不存在，将创建新文件

表 4-8 FileAccess 枚举常量

成 员 名 称	含 义 说 明
Read	对文件执行读访问
Write	对文件执行写访问
ReadWrite	对文件执行读/写访问

2. 使用 FileInfo 类创建 FileStream 对象

FileInfo 类有两个方法可以创建 FileStream 对象：Create()方法和 Open()方法。

使用 Create()方法创建 FileStream 对象的代码如下。

```
FileInfo fi = new FileInfo(path);
FileStream fs = fi.Create();
```

使用 Open()方法创建 FileStream 对象的代码如下。

```
FileInfo fi = new FileInfo(path);
FileStream fs = fi.Open(FileMode.Open, FileAccess.Read);
```

其中，Create()方法是以读写方式创建 FileStream 对象。

3. 使用 File 类创建 FileStream 对象

File 类有两个方法可以创建 FileStream 对象：Create()方法和 Open()方法。

使用 Create()方法创建 FileStream 对象的代码如下。

```
FileStream fs = File.Create();
```

使用 Open()方法创建 FileStream 对象的代码如下。

```
FileStream fs = File.Open(path, FileMode.Open, FileAccess.Read);
```

其中,Create()方法是以读写方式创建 FileStream 对象的。

4.4.2　字节流写文件

按照字节流方式写文件的,要使用 FileStream 类的 Write()方法,该方法原型如下。

```
public override void Write(byte[ ] array, int offset, int count)
```

在上述方法原型中,参数 array 为要写入文件的内容;参数 offset 为 array 数组中从 0 开始的字节偏移量,系统将从此处开始将字节内容写入到文件中;参数 count 为要写入文件的字节数。

要将文本内容以字节流方式写入文件中还需要解决有一个问题,那就是如何将字符串转换成字节数组。这个问题可以通过 System. Text 命名空间中的 UnicodeEncoding 类来解决。该类有一个 GetBytes()方法,专门用来将字符串转换成字节数组。该方法原型如下。

```
public virtual byte[ ] GetBytes(string s)
```

上述方法中,参数 s 为要转换成字节数组的字符串;方法的返回值类型为 byte[]。

下面看一个综合示例程序。

程序清单：codes\04\FileStreamWriteDemo\Program. cs

```
1    namespace FileStreamWriteDemo
2    {
3        class Program
4        {
5            static void Main(string[ ] args)
6            {
7                Console. WriteLine("字节流写文件演示程序");
8                Console. WriteLine(" ================================ ");
9                Console. WriteLine("请输入一段文本,同时按 Ctrl + Z 结束: ");
10               string path = "e:\\test.txt";
11               UnicodeEncoding ue = new UnicodeEncoding();
12               FileStream fs = new FileStream(path, FileMode. Create, FileAccess. Write);
13               string s;
14               while ((s = Console. ReadLine()) != null)
15               {
16                   s += "\r\n";
17                   fs. Write(ue. GetBytes(s), 0, ue. GetByteCount(s));
18               }
19               fs. Close();
20               Console. WriteLine("文件写毕!");
21           }
22       }
23   }
```

代码解释：

（1）第10行代码定义了 string 类型变量 path，并初始化为具有完整路径的目标文件名。

（2）第11行代码创建 UnicodeEncoding 类对象变量 ue。

（3）第12行代码创建 FileStream 类对象 fs，该对象以写方式创建 path 指定的文件。

（4）第14行~第18行代码构建 while 循环块。

（5）第14行代码通过 string 类型变量 s 来接收键盘输入的文本，同时按 Ctrl＋Z 键结束循环。

（6）第16行代码将接收来的一行文本添加上回车换行字符串"\r\n"。

（7）第17行代码首先通过 UnicodeEncoding 类对象变量 ue 调用 GetBytes()方法将字符串 s 转成字节数组，然后通过 FileStream 类对象 fs 调用 Write()方法将该字节数组写入文件。

程序运行结果如图 4-10 所示。

图 4-10　字节流写文件演示程序运行结果

4.4.3　字节流读文件

按照字节流方式读文件的，要使用 FileStream 类的 Read()方法，其原型如下。

```
public override int Read(byte[ ] array, int offset, int count)
```

在上述方法原型中，参数 array 为缓存区，用于存储从文件中读出的字节内容；参数 offset 为 array 数组中从 0 开始的字节偏移量，系统将从此处开始将读出的文件内容存入字节数组中；参数 count 为从文件中最多读取的字节数；该方法的返回值为 int 类型，表示从文件中实际读出的字节数，该值可能小于 count 值，如果为 0，表示到达文件尾部。

要将读出的字节数组显示出来还需要解决一个问题，那就是如何将字节数组转换成字符串。这个问题可以通过 System.Text 命名空间中的 UnicodeEncoding 类来解决，该类有一个 GetString()方法，专门用来将字节数组转换成字符串，其原型如下。

```
public virtual string GetString(byte[ ] bytes)
```

上述方法中，参数 bytes 为要转换成字符串的字节数组；返回值类型为 string。

下面看一个综合性的示例程序。

程序清单：codes\04\FileStreamReadDemo\Program.cs

```
1   namespace FileStreamReadDemo
2   {
```

```
3     class Program
4     {
5         static void Main(string[] args)
6         {
7             Console.WriteLine("字节流读文件演示程序");
8             Console.WriteLine(" ================================== ");
9             string path = "e:\\test.txt";
10            UnicodeEncoding ue = new UnicodeEncoding();
11            FileStream fs = new FileStream(path, FileMode.Open,FileAccess.Read);
12            int nBytes = 100;
13            byte[] buf = new byte[nBytes];
14            int count;
15            while ((count = fs.Read(buf, 0, nBytes)) > 0)
16            {
17                Console.Write(ue.GetString(buf, 0, count));
18            }
19            fs.Close();
20            Console.WriteLine();
21        }
22    }
23 }
```

代码解释：

（1）第 10 行代码创建了 UnicodeEncoding 类对象 ue。

（2）第 11 行代码创建了 FileStream 类对象 fs，该对象以读方式打开 path 指定的文件。

（3）第 13 行代码声明了一个字节数组 buf 作为缓存区，用以存储从文件中读出的内容。需要说明的是，nBytes 表示从文件中一次读出的最多字节数，该值由程序员自己定义。此处设置为 100，也可以设置为其他数，例如 10，这无非就是缓存区变小了，需要读取多次而已。

（4）第 15 行～第 18 行代码构建了一个 while 循环块。其中，fs 对象调用 Read()方法将从文件中读出的内容存入字节数组 buf 中，并返回实际读出的字节数并将其赋值给 count。如果 count 等于 0 表示到达文件末尾，循环结束。

（5）第 17 行代码通过 ue 对象调用 GetString()方法将字节数组 buf 转换成 string，并输出至控制台。

程序运行结果如图 4-11 所示。

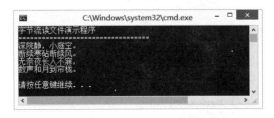

图 4-11　字节流读文件演示程序运行结果

第 5 章　C# 语言 Windows Forms 程序设计

5.1　概　　述

开发 Windows GUI(Graphical User Interface,图形用户接口)程序使用的各种组件类位于 System. Windows. Forms 命名空间中。下面将本章要讲述的几种组件类绘制成图,如图 5-1 所示。该图清晰地展示了类之间的继承关系,其中,加粗显示的类是本章要重点讲述的内容。从图 5-1 中可以看出,这些类可以分成 4 组:公共控件、容器控件、工具控件和对话框。

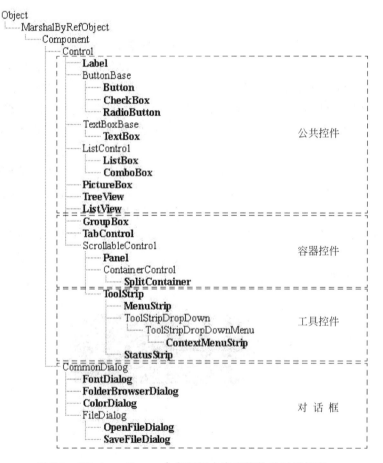

图 5-1　Windows Forms 命名空间中常用控件及对话框类

5.2　公 共 控 件

公共控件指在各种 GUI 程序中普遍使用并完成某种功能的控件,由于这些控件每个都拥有非常多的属性、方法和事件,鉴于篇幅,本书只讲每种控件最常用的部分,并组合不同控件设计适当的示例程序。

5.2.1　Label 控件

Label 控件通常用于显示用户不能编辑的文本或图像,且不接收焦点。关于 Label 控件的常用属性如表 5-1 所示,其中涉及的 BorderStyle 枚举和 ContentAlignment 枚举分别如表 5-2 和表 5-3 所示。

表 5-1　Label 控件常用属性

属　　性	类　　型	功 能 说 明
AutoSize	bool	该值指示是否自动调整控件的大小以完整显示其内容
BorderStyle	BorderStyle 枚举	指定控件的边框样式
Text	String	控件的文本内容
TextAlign	ContentAlignment 枚举	指定控件文本内容的对齐方式
Image	Image	显示在控件上的图像
ImageAlign	ContentAlignment 枚举	获取或设置在控件中显示的图像的对齐方式

表 5-2　BorderStyle 枚举

成 员 名 称	功 能 说 明
None	无边框
FixedSingle	单行边框
Fixed3D	三维边框

表 5-3　ContentAlignment 枚举

成 员 名 称	功 能 说 明
TopLeft	内容在垂直方向上顶部对齐,在水平方向上左边对齐
TopCenter	内容在垂直方向上顶部对齐,在水平方向上居中对齐
TopRight	内容在垂直方向上顶部对齐,在水平方向上右边对齐
MiddleLeft	内容在垂直方向上中间对齐,在水平方向上左边对齐
MiddleCenter	内容在垂直方向上中间对齐,在水平方向上居中对齐
MiddleRight	内容在垂直方向上中间对齐,在水平方向上右边对齐
BottomLeft	内容在垂直方向上底边对齐,在水平方向上左边对齐
BottomCenter	内容在垂直方向上底边对齐,在水平方向上居中对齐
BottomRight	内容在垂直方向上底边对齐,在水平方向上右边对齐

关于 Label 控件的用法参见 5.2.4 小节的示例 Exam 程序。

5.2.2 Button 控件

Windows 窗体上的 Button 控件允许用户通过单击来执行某种操作，它既可以显示文本，又可以显示图像，当该按钮被单击时，它看起来像是被按下，然后被释放。

Button 控件用 Text 属性显示文本，用 TextAlign 属性决定文本对齐方式，用 Image 属性显示图像，用 ImageAlign 属性决定图像对齐方式。

Button 控件最重要的事件是 Click，用户单击 Button 控件时将触发 Click 事件。为了响应该事件，程序员需要为其提供事件处理程序。双击该按钮，VS. NET 将自动为 Button 控件生成 Click 事件的处理程序，其命名原则是"控件名_Click"，其中控件名可自定义，例如 Button 控件名为 button1，则自动生成的 Click 事件处理程序代码如下。

```
private void button1_Click(object sender, EventArgs e)
{
    //响应代码就写在此处
}
```

上述事件处理程序是如何挂接到 Button 控件的 Click 事件上的？实际上，在 VS. NET 自动生成的代码框架中有一个 InitializeComponent()方法，这个方法由 VS. NET 维护，查看该方法内容，有如下一行代码。

```
this.button1.Click + = new System.EventHandler(this.button1_Click);
```

这行代码通过"＋＝"操作符向 button1 控件订阅了 Click 事件，接收事件对象的处理程序就是 button1_Click。

关于 Button 控件的用法参见 5.2.4 小节的示例 Exam 程序。

5.2.3 CheckBox 控件

Windows 窗体上的 CheckBox 控件指示某个特定条件是处于打开状态还是处于关闭状态，它常用于为用户提供"是/否"或"真/假"选项，也可以成组使用以显示多重选项，用户可以从中选择一项或多项。需要说明的是，CheckBox 控件有两种工作模式：三态模式和两态模式。如果 ThreeState 属性为 true，则以三态模式工作；如果 ThreeState 属性为 false，则以两态模式工作。三态模式通过 CheckState 属性检测，两态模式则通过 Checked 属性检测。

关于 CheckBox 控件的常用属性如表 5-4 所示，涉及的 CheckState 枚举如表 5-5 所示。

表 5-4 CheckBox 控件的常用属性

属　　性	类　　型	功 能 说 明
AutoCheck	bool	获取或设置一个值，该值指示当单击控件时，Checked 或 CheckState 的值以及控件的外观是否自动改变，自动更改为 true，手动更改为 false
Checked	bool	获取或设置一个值，该值指示是否已选中 CheckBox 控件，选中为 true，未选中为 false

属　　性	类　　型	功　能　说　明
CheckState	CheckState 枚举	指定控件的状态可以是选中、未选中或不确定
ThreeState	bool	获取或设置一个值,该值指示 CheckBox 控件是否以三种复选状态工作,true 表示以三种复选状态工作,false 表示以两种复选状态工作

表 5-5　CheckState 枚举

成　员　名　称	功　能　说　明
Unchecked	该控件处于未选中状态
Checked	该控件处于选中状态
Indeterminate	该控件处于不确定状态,呈现灰色的外观

对于 CheckBox 控件来说,当 Checked 属性的值更改时将会发生 CheckedChanged 事件,当 CheckState 属性的值更改时将会发生 CheckStateChanged 事件。因此,程序员在决定响应哪个事件时要考虑 CheckBox 控件是以三态模式工作还是以两态模式工作。如果以三态模式工作要响应 CheckStateChanged 事件,否则要响应 CheckedChanged 事件。

5.2.4　RadioButton 控件

Windows 窗体上的 RadioButton 控件为用户提供由两个或多个互斥选项组成的选项集,当用户选择某单选按钮时,同一组中的其他单选按钮不能同时选定。

RadioButton 控件同 CheckBox 控件有相似之处,那就是都有 AutoCheck 属性和 Checked 属性;不同之处是 RadioButton 控件只有两态工作模式,没有三态模式,所以也就没有 ThreeState 属性和 CheckState 属性。与之相适应的是,只有 CheckedChanged 事件而没有 CheckStateChanged 事件。下面设计一个综合示例程序,以演示上述控件的使用方法。

示例:codes\05\Exam

本程序设计一个考试模块,题型是单选题,试题、选项及用户选择均存储在数组中,用户通过按钮选择不同试题,用户回答的选项可以被记住。

启动 VS. NET,新建项目类型选择 Visual C# →Windows,模板选择"Windows 窗体应用程序",名称填为 Exam,然后按照如下步骤工作。

(1) 设计程序界面。在窗体上添加 2 个 Label 控件、1 个 GroupBox 控件、4 个 RadioButton 控件和 3 个 Button 控件,它们的属性设置如表 5-6 所示。

表 5-6　Exam 演示程序属性设置

类　　型	属　　性	属　性　值
Form	Name	Form1
	Text	考试系统
Label	Name	lblID

续表

类　　型	属　　性	属　性　值
Label	Name	lblQuestion
	BackColor	White
	BorderStyle	FixedSingle
	TextAlign	MiddleLeft
GroupBox	Name	groupBox1
	Text	请选择
RadioButton	Name	rbOption1
	TabStop	False
RadioButton	Name	rbOption2
	TabStop	False
RadioButton	Name	rbOption3
	TabStop	False
RadioButton	Name	rbOption4
	TabStop	False
Button	Name	butBack
	Text	上一题
Button	Name	butNext
	Text	下一题
Button	Name	butExit
	Text	退出

在表 5-6 中，有一个属性需要单独说明，就是 TabStop 属性。这个属性的含义是指示用户能否使用 Tab 键将焦点放到该控件上。本程序中的 4 个 RadioButton 按钮均将 TabStop 属性初始化为 False，只有这样才能保证每道试题初始化时，4 个选项均处于未选中状态，否则将有一个（通常是第一个）处于默认的选中状态，这不符合考试规则。

（2）编写程序代码。设计完界面，编写如下程序代码。

程序清单：codes\05\Exam\Form1.cs

```
1    namespace Exam
2    {
3        public partial class Form1 : Form
4        {
5            private string[] Questions = {"被誉为"诗史"的唐代著名诗人是(        )",
6                        "《春江花月夜》是(        )的作品",
7                        "唐代诗人被称为"鬼才"的是(        )",
8                        "开创我国田园诗新领域的诗人是(        )",
9                        "《无题》诗是(        )的代表作"};
10           private string[,] Options = {{"李白","杜甫","白居易","王维"},
11                       {"王维","岑参","张若虚","李贺"},
12                       {"孟郊","李煜","李商隐","李贺"},
13                       {"陶渊明","谢灵运","王维","孟浩然"},
14                       {"李商隐","苏轼","欧阳修","韩愈"}};
15           private int[] UserChoices = { -1, -1, -1, -1, -1 };    //存储用户的选择
16           private int QuestionID = 0;                            //当前试题序号
```

```
17          private void ReadQuestion(int qid)
18          {
19              lblID.Text = (qid + 1) + "/" + Questions.Length;   //显示当前题号
20              lblQuestion.Text = Questions[qid];          //显示第 qid 个试题的内容
21              rbOption1.Text = Options[qid, 0];           //显示第 qid 个试题的选项
22              rbOption2.Text = Options[qid, 1];
23              rbOption3.Text = Options[qid, 2];
24              rbOption4.Text = Options[qid, 3];
25              if (UserChoices[qid] == 0)                  //如果用户选择了第 1 个选项
25              {
26                  rbOption1.Checked = true;
27              }
28              else if (UserChoices[qid] == 1)             //如果用户选择了第 2 个选项
29              {
30                  rbOption2.Checked = true;
31              }
32              else if (UserChoices[qid] == 2)             //如果用户选择了第 3 个选项
33              {
34                  rbOption3.Checked = true;
35              }
36              else if (UserChoices[qid] == 3)             //如果用户选择了第 4 个选项
37              {
38                  rbOption4.Checked = true;
39              }
40              else                                        //如果用户未选择任何选项
41              {
42                  rbOption1.Checked = false;
43                  rbOption2.Checked = false;
44                  rbOption3.Checked = false;
45                  rbOption4.Checked = false;
46              }
47              //设置按钮状态
48              if (qid == 0)                               //如果当前试题是第一题
49                  butBack.Enabled = false;
50              else if (qid == Questions.Length - 1)       //如果当前试题是最后一题
51                  butNext.Enabled = false;
52              else                                        //当前试题非第一,非最后
53              {
54                  butBack.Enabled = true;
55                  butNext.Enabled = true;
56              }
57          }
58          public Form1()
59          {
60              InitializeComponent();
61          }
62          private void Form1_Load(object sender, EventArgs e)
63          {
64              ReadQuestion(0);                            //初始化第 1 道试题
65          }
```

```
66          private void butNext_Click(object sender, EventArgs e)
67          {
68              QuestionID++;                          //试题序号增加 1
69              ReadQuestion(QuestionID);
70          }
71          private void butBack_Click(object sender, EventArgs e)
72          {
73              QuestionID--;                          //试题序号减去 1
74              ReadQuestion(QuestionID);
75          }
76          private void butExit_Click(object sender, EventArgs e)
77          {
78              this.Close();                          //退出系统
79          }
80          private void rbOption1_CheckedChanged(object sender, EventArgs e)
81          {
82              UserChoices[QuestionID] = 0;
83          }
84          private void rbOption2_CheckedChanged(object sender, EventArgs e)
85          {
86              UserChoices[QuestionID] = 1;
87          }
88          private void rbOption3_CheckedChanged(object sender, EventArgs e)
89          {
90              UserChoices[QuestionID] = 2;
91          }
92          private void rbOption4_CheckedChanged(object sender, EventArgs e)
93          {
94              UserChoices[QuestionID] = 3;
95          }
96      }
97 }
```

代码解释：

① 第 5 行～第 9 行代码声明了一维数组 Questions 用于存储试题的题干。

② 第 10 行～第 14 行代码声明了二维数组 Options 用于存储试题的选项部分。

③ 第 17 行～第 57 行代码定义了 ReadQuestion()方法。该方法有一个参数 qid，表示当前试题的序号，方法会根据该序号读取试题的内容和选项。

④ 第 62 行～第 65 行代码为窗体的 Load 事件定义了事件处理程序，Load 事件在第一次显示窗体前发生，此处可初始化第 1 道试题的内容。

⑤ 第 66 行～第 70 行代码为 butNext 按钮提供了 Click 事件的处理程序，用来处理下一道试题的初始化情况。

⑥ 第 71 行～第 75 行代码为 butBack 按钮提供了 Click 事件的处理程序，用来处理上一道试题的初始化情况。

⑦ 第 80 行～第 83 行代码为 rbOption1 控件的 CheckedChanged 事件定义了事件处理程序，该事件在用户单击了 rbOption1 控件时发生，表示用户选择了第 1 个选项。

⑧ 第 84 行～第 95 行代码分别为其他 3 个 RadioButton 控件提供了事件处理程序。

（3）运行程序。程序运行结果如图 5-2 所示。

图 5-2　"考试系统"设计界面

5.2.5　TextBox 控件

Windows 窗体上的 TextBox 控件用于获取用户输入或显示文本。它通常用于可编辑文本，不过也可使其成为只读控件。它可以按照单行模式工作（比如用作密码输入框），也可以按照多行模式工作，不过仅允许在其中显示或输入的文本采用一种格式。

关于 TextBox 控件的常用属性如表 5-7 所示，涉及的 ScrollBars 枚举如表 5-8 所示。

表 5-7　TextBox 控件常用属性

属　　性	类　　型	功　能　说　明
Lines	String[]	获取或设置文本框控件中的文本行
Multiline	bool	获取或设置一个值，该值指示控件是否以多行模式工作，如果为 true，则按多行工作，否则按单行工作
PasswordChar	char	获取或设置字符，用于屏蔽单行模式下的密码字符
ReadOnly	bool	获取或设置一个值，指示能否更改 TextBox 控件的内容
ScrollBars	ScrollBars 枚举	用于指定 TextBox 控件中滚动条的可见性和位置
Text	string	获取或设置 TextBox 控件中的当前文本

表 5-8　ScrollBars 枚举

成　员　名　称	功　能　说　明
None	不显示任何滚动条
Horizontal	只显示水平滚动条
Vertical	只显示垂直滚动条
Both	同时显示水平滚动条和垂直滚动条

下面看一个关于 TextBox 控件的示例程序。

示例：codes\05\TextBoxDemo

本程序通过登录窗口收集用户名和密码，然后进行合法性验证，若通过验证则进入主程序，否则显示出错信息并禁止进入。

启动 VS. NET，新建项目类型选择 Visual C♯→Windows，模板选择"Windows 窗体应用程序"，名称填为"TextBoxDemo"，然后按照如下步骤工作。

（1）设计程序界面。在窗体上添加 2 个 Label 控件、2 个 TextBox 控件和 2 个 Button 控件。它们的属性设置如表 5-9 所示。

表 5-9　TextBox 控件演示程序属性设置

类　　型	属　　性	属　性　值
Label	Name	label1
	Text	用户：
Label	Name	label2
	Text	密码：
TextBox	Name	tbUserName
	Text	（清空）
TextBox	Name	tbPassword
	Text	（清空）
Button	Name	butLogin
	Text	进入
Button	Name	butCancel
	Text	取消

（2）编写程序代码。在编写代码之前先讲解一下 MessageBox 类的 Show()方法，因为本程序多处用到它。该方法用于显示消息框，有多个重载形式，此处介绍最常用的一种。

```
public static DialogResult Show (        //返回类型为 DialogResult 枚举常量之一
    string text,                          //要在消息框中显示的文本
    string caption,                       //要在消息框的标题栏中显示的文本
    MessageBoxButtons buttons,            //指定在消息框中显示哪些按钮
    MessageBoxIcon icon                   //指定在消息框中显示哪个图标
)
```

上述方法涉及 3 个枚举类型，详细情况如表 5-10～表 5-12 所示。

表 5-10　DialogResult 枚举

成 员 名 称	功 能 说 明
None	从对话框返回了 Nothing，这表明有模式对话框继续运行
OK	对话框的返回值是 OK（通常从标签为"确定"的按钮发送）
Cancel	对话框的返回值是 Cancel（通常从标签为"取消"的按钮发送）
Abort	对话框的返回值是 Abort（通常从标签为"中止"的按钮发送）

续表

成 员 名 称	功 能 说 明
Retry	对话框的返回值是 Retry（通常从标签为"重试"的按钮发送）
Ignore	对话框的返回值是 Ignore（通常从标签为"忽略"的按钮发送）
Yes	对话框的返回值是 Yes（通常从标签为"是"的按钮发送）
No	对话框的返回值是 No（通常从标签为"否"的按钮发送）

表 5-11　MessageBoxButtons 枚举

成 员 名 称	功 能 说 明
OK	消息框包含"确定"按钮
OKCancel	消息框包含"确定"和"取消"按钮
AbortRetryIgnore	消息框包含"中止""重试"和"忽略"按钮
YesNoCancel	消息框包含"是""否"和"取消"按钮
YesNo	消息框包含"是"和"否"按钮
RetryCancel	消息框包含"重试"和"取消"按钮

表 5-12　MessageBoxIcon 枚举

成 员 名 称	功 能 说 明
None	消息框未包含符号
Hand	该消息框包含一个由红色背景的圆圈及其中的白色 X 组成的符号
Question	该消息框包含一个由圆圈和其中的一个问号组成的符号
Exclamation	该消息框包含一个由黄色背景的三角形及其中的一个感叹号组成的符号
Asterisk	该消息框包含一个由圆圈及其中的小写字母 i 组成的符号
Stop	同 Hand
Error	同 Hand
Warning	同 Exclamation
Information	同 Asterisk

下面开始编写程序代码。

程序清单：codes\05\TextBoxDemo\Form1.cs

```
1   namespace TextBoxDemo
2   {
3       public partial class Form1 : Form
4       {
5           public Form1()
6           {
7               InitializeComponent();
8           }
9           private void butLogin_Click(object sender, EventArgs e)
10          {
11              string userName = tbUserName.Text;        //获得用户名
12              string password = tbPassword.Text;        //获得密码
```

```
13                  if (userName.Equals("abc"))                    //用户名固定为"abc"
14                  {
15                      if(password.Equals("123"))                //密码固定为"123"
16                      {                                          //显示通过验证信息
17                          MessageBox.Show("您已经通过身份验证,进入主程序吧",
18                          "登录", MessageBoxButtons.OK, MessageBoxIcon.Information);
19                          this.Close();                          //关闭程序
20                      }
21                      else                                       //密码错误
22                      {
23                          MessageBox.Show("密码错误", "登录",
24                              MessageBoxButtons.OK, MessageBoxIcon.Error);
25                          tbPassword.Text = "";                  //清空密码框
26                          tbPassword.Focus();                    //将键盘焦点置给密码框
27                      }
28                  }
29                  else                                           //用户名错误
30                  {
31                      MessageBox.Show("用户名错误", "登录",
32                      MessageBoxButtons.OK, MessageBoxIcon.Error);
33                      tbUserName.Text = "";                      //清空用户名
34                      tbUserName.Focus();                        //将键盘焦点置给用户名框
35                  }
36          }
37          private void butCancel_Click(object sender, EventArgs e)
38          {
39              this.Close();
40          }
41      }
42  }
```

图 5-3 TextBox 控件演示程序

代码解释：

① 本程序通过 if...else... 语句的两重嵌套来验证用户名和密码是否正确,正确的用户名和密码以常量的形式提供,在实际的软件中用户名和密码应该存储在数据库中。

② TextBox 控件的 Focus() 方法为控件设置输入焦点。

（3）运行程序。程序运行结果如图 5-3 所示。

5.2.6 ListBox 控件

Windows 窗体上的 ListBox 控件用来显示一个项列表,用户可以从其中选择一项或多项。关于 ListBox 控件的常用属性如表 5-13 所示,涉及的 ListSelectionMode 枚举如表 5-14 所示。

表 5-13　ListBox 控件常用属性

属　　性	类　　型	功　能　说　明
Items	ListBox. ObjectCollection 类	该属性可获取对当前存储在 ListBox 中项列表的引用,通过 此引用可在集合中添加项、移除项和获得项的数量
SelectionMode	ListSelectionMode 枚举	获取或设置 ListBox 控件的选择模式
SelectedIndex	int	获取或设置 ListBox 中当前选中项的从零开始的索引
SelectedItem	Object	获取或设置 ListBox 中的当前选中项

表 5-14　ListSelectionMode 枚举成员

成　员　名　称	功　能　说　明
Single	单项选择模式
Multiple	多项选择模式

ListBox 控件的 Items 属性类型是 ListBox. ObjectCollection 类,它有如下几个常用方法。

1. Add()方法

本方法向 ListBox 控件的 Items 属性集合添加一个项,方法的原型如下:

```
public int Add(Object item)
```

原型说明:

(1) 参数 item 表示要添加到 ListBox 控件的 Items 属性集合中的项。

(2) 返回 Items 属性集合中项的从 0 开始的索引。

2. AddRange()方法

本方法向 ListBox 控件的 Items 属性集合添加一组项,方法的原型如下:

```
public void AddRange(ListBox.ObjectCollection value)
```

原型说明:

(1) 参数 value 表示要添加到 ListBox 控件的 Items 属性集合中的一组项。

(2) 返回值无。

3. Remove()方法

本方法从 ListBox 控件的 Items 属性集合中移除指定项,方法的原型如下:

```
public void Remove(Object value)
```

原型说明:

(1) 参数 value 表示要从 ListBox 控件的 Items 属性集合中移除的项。

(2) 返回值无。

4. Clear()方法

本方法移除 ListBox 控件的 Items 属性集合中的所有项,方法的原型如下:

```
public virtual void Clear()
```

原型说明：

（1）参数无。

（2）返回值无。

下面看一个关于 ListBox 控件的示例程序。

示例：codes\05\ListBoxDemo

本程序实现了字段选择功能，通过单击不同按钮将目标字段添加到选中字段列表框中。

启动 VS. NET，新建项目类型选择 Visual C♯→Windows，模板选择"Windows 窗体应用程序"，名称填为 ListBoxDemo，然后按照如下步骤工作。

（1）设计程序界面。在窗体上添加 2 个 Label 控件、2 个 ListBox 控件和 4 个 Button 控件，它们的属性设置如表 5-15 所示。

表 5-15 ListBox 控件演示程序属性设置

类　　型	属　　性	属　性　值
Label	Name	label1
	Text	备选字段：
Label	Name	label2
	Text	备选字段：
ListBox	Name	lbSrcFields
ListBox	Name	lbDesFields
Button	Name	butAdd
	Text	>
Button	Name	butAddAll
	Text	>>
Button	Name	butRemove
	Text	<
Button	Name	butRemoveAll
	Text	<<

（2）编写程序代码。设计完界面，开始编写程序代码。

程序清单：codes\05\ListBoxDemo\Form1. cs

```
1    namespace ListBoxDemo
2    {
3        public partial class Form1 : Form
4        {
5            public Form1()
6            {
7                InitializeComponent();
8            }
9            private void Form1_Load(object sender, EventArgs e)
10           {
11               lbSrcFields.Items.Add("编号");
12               lbSrcFields.Items.Add("姓名");
```

```
13          lbSrcFields.Items.Add("性别");
14          lbSrcFields.Items.Add("年龄");
15          lbSrcFields.Items.Add("政治面貌");
16          lbSrcFields.Items.Add("毕业学校");
17          lbSrcFields.Items.Add("家庭住址");
18          lbSrcFields.Items.Add("联系电话");
19          lbSrcFields.Items.Add("电子邮件");
20      }
21      private void butAdd_Click(object sender, EventArgs e)
22      {
23          if (lbSrcFields.SelectedIndex >= 0)
24          {
25              lbDesFields.Items.Add(lbSrcFields.SelectedItem);
26              lbSrcFields.Items.Remove(lbSrcFields.SelectedItem);
27          }
28      }
29      private void butAddAll_Click(object sender, EventArgs e)
30      {
31          lbDesFields.Items.AddRange(lbSrcFields.Items);
32          lbSrcFields.Items.Clear();
33      }
34      private void butRemove_Click(object sender, EventArgs e)
35      {
36          if (lbDesFields.SelectedIndex >= 0)
37          {
38              lbSrcFields.Items.Add(lbDesFields.SelectedItem);
39              lbDesFields.Items.Remove(lbDesFields.SelectedItem);
40          }
41      }
42      private void butRemoveAll_Click(object sender, EventArgs e)
43      {
44          lbSrcFields.Items.AddRange(lbDesFields.Items);
45          lbDesFields.Items.Clear();
46      }
47   }
48 }
```

代码解释:

① 第 9 行～第 20 行代码定义了窗体的 Load 事件处理程序,在其中初始化了 lbSrcFields 控件的 Items 属性,这样就有了备选字段列表。

② 第 21 行～第 28 行代码定义了 butAdd 按钮控件的 Click 事件处理程序,单击该按钮会将 lbSrcFields 列表框中选中项的内容添加到 lbDesFields 列表框中,并删除 lbSrcFields 列表框中的选中项。

③ 第 29 行～第 33 行代码定义了 butAddAll 按钮控件的 Click 事件处理程序,单击该按钮会将 lbSrcFields 列表框中现存所有项的内容添加到 lbDesFields 列表框中,并删除 lbSrcFields 列表框中的所有项。

④ 第34行～第41行代码定义了 butRemove 按钮控件的 Click 事件处理程序，单击该按钮会将 lbDesFields 列表框中选中项的内容添加到 lbSrcFields 列表框中，并删除 lbDesFields 列表框中的选中项。

⑤ 第42行～第46行代码定义了 butRemoveAll 按钮控件的 Click 事件处理程序，单击该按钮会将 lbDesFields 列表框中现存所有项的内容添加到 lbSrcFields 列表框中，并删除 lbDesFields 列表框中的所有项。

（3）运行程序。程序运行结果如图 5-4 所示。

图 5-4　ListBox 控件演示程序

5.2.7　ComboBox 控件

Windows 窗体上的 ComboBox 控件是两个控件的组合，其中顶部是一个允许用户输入列表项的文本框，底部是一个列表框，它显示一个项列表，用户可从中选择一项。关于 ComboBox 控件的常用属性如表 5-16 所示，其中涉及的 ComboBoxStyle 枚举如表 5-17 所示。

表 5-16　ComboBox 控件常用属性

属　　　性	类　　　型	功　能　说　明
Items	ListBox. ObjectCollection 类	该属性同 ListBox 控件的 Items 属性
DroppedDown	bool	该值指示组合框是否正在显示其下拉部分
DropDownStyle	ComboBoxStyle 枚举	获取或设置指定组合框样式的值

表 5-17　ComboBoxStyle 枚举成员

成 员 名 称	功　能　说　明
Simple	文本部分可编辑，列表部分总可见
DropDown	文本部分可编辑，用户必须单击箭头按钮来显示列表部分，这是默认样式
DropDownList	用户不能直接编辑文本部分，而且必须单击箭头按钮来显示列表部分

ComboBox 控件有一个重要的 SelectedIndexChanged 事件，在 SelectedIndex 属性更改后发生。这在需要根据 ComboBox 中的当前选中内容显示其他控件中的信息时非常有用，

可以使用该事件的事件处理程序来加载其他控件中的信息。

下面看一个关于 ComboBox 控件的示例程序。

示例：codes\05\ComboBoxDemo

本程序实现了字段选择功能，通过单击不同按钮将目标字段添加到选中字段列表框中。

启动 VS. NET，新建项目类型选择 Visual C#→Windows，模板选择"Windows 窗体应用程序"，名称填为 ComboDemo，然后按照如下步骤工作。

（1）设计程序界面。在窗体上添加 4 个 Label 控件、3 个 ComboBox 控件、1 个 GroupBox 控件和 1 个 Button 控件，它们的属性设置如表 5-18 所示。

表 5-18　ComboBox 控件演示程序属性设置

类　　型	属　　性	属　性　值
Label	Name	label1
	Text	字体：
Label	Name	label2
	Text	字形：
Label	Name	label3
	Text	大小：
ComboBox	Name	cmbFontFamily
	DropDownStyle	Simple
ComboBox	Name	cmbFontStyle
	DropDownStyle	Simple
ComboBox	Name	cmbFontSize
	DropDownStyle	Simple
Label	Name	lblFont
	Text	中国
	TextAlign	MiddleCenter
Button	Name	butCancel
	Text	取消

（2）编写程序代码。设计完界面，开始编写程序代码。

程序清单：codes\05\ComboBoxDemo\Form1. cs

```
1   namespace ComboBoxDemo
2   {
3       public partial class Form1 : Form
4       {
5           public Form1()
6           {
7               InitializeComponent();
8           }
9           private void Form1_Load(object sender, EventArgs e)
10          {  //获得系统字体家族
11              FontFamily[] families = FontFamily. Families;
12              foreach (FontFamily f in families)
13              {
```

```
14                  cmbFontFamily.Items.Add(f.Name);
15              }
16          cmbFontStyle.Items.Add("常规");            //字形
17          cmbFontStyle.Items.Add("斜体");
18          cmbFontStyle.Items.Add("粗体");
19          cmbFontStyle.Items.Add("粗斜体");
20          cmbFontSize.Items.Add("42");              //初号
21          cmbFontSize.Items.Add("36");              //小初
22          cmbFontSize.Items.Add("26");              //一号
23          cmbFontSize.Items.Add("24");              //小一
24          cmbFontSize.Items.Add("22");              //二号
25          cmbFontSize.Items.Add("18");              //小二
26          cmbFontSize.Items.Add("16");              //三号
27          cmbFontSize.Items.Add("15");              //小三
28          cmbFontSize.Items.Add("14");              //四号
29          cmbFontSize.Items.Add("12");              //小四
30          cmbFontSize.Items.Add("10.5");            //五号
31          cmbFontSize.Items.Add("9");               //小五
32          cmbFontSize.Items.Add("7.5");             //六号
33          cmbFontSize.Items.Add("6.5");             //小六
34          cmbFontSize.Items.Add("5.5");             //七号
35          cmbFontSize.Items.Add("5");               //小七
36      }
37      private void SetFont()
38      {
39          string family = cmbFontFamily.Text;
40          FontStyle style = FontStyle.Regular;
41          float size = 10.5f;
42          if (cmbFontStyle.Text.Equals("斜体"))
43          {
44              style = FontStyle.Italic;
45          }
46          if (cmbFontStyle.Text.Equals("粗体"))
47          {
48              style = FontStyle.Bold;
49          }
50          if (cmbFontStyle.Text.Equals("粗斜体"))
51          {
52              style = FontStyle.Bold | FontStyle.Italic;
53          }
54          if (cmbFontSize.Text.Length > 0)
55          {
56              size = float.Parse(cmbFontSize.Text);
57          }
58          Font f = new System.Drawing.Font(family, size, style);
59          lblFont.Font = f;
60      }
61      private void butCancel_Click(object sender, EventArgs e)
```

```
62              {
63                  this.Close();
64              }
65          private void cmb_SelectedIndexChanged(object sender, EventArgs e)
66          {
67              SetFont();
68          }
69      }
70  }
```

代码解释：

① 第 9 行～第 36 行代码定义了窗体的 Load 事件处理程序来初始化 cmbFontFamily、cmbFontStyle 和 cmbFontSize 三个 ComboBox 控件。其中，cmbFontFamily 控件用于存储系统字体的名字；cmbFontStyle 控件用于存储字体的字形；cmbFontSize 控件用于存储字体的大小。

② 第 37 行～第 60 行代码定义了 SetFont()方法，这个方法用于修改 lblFont 控件的字体属性。

③ 第 61 行～第 64 行代码定义了 butCancel 控件的 Click 事件处理程序。

④ 第 65 行代码定义了 cmbFontFamily、cmbFontStyle 和 cmbFontSize 三个 ComboBox 控件共用的事件处理程序，无论哪个控件触发了 SelectedIndexChanged 事件，都将调用 SetFont()方法来修改 lblFont 控件的字体。

（3）运行程序。程序运行结果如图 5-5 所示。

图 5-5　ComboBox 控件演示程序

5.2.8　PictureBox 控件

Windows 窗体上的 PictureBox 控件用于显示位图(.bmp)、GIF(.gif)、JPEG(.jpg)、图元文件(.wmf)或图标(.ico)格式的图形。PictureBox 控件的常用属性如表 5-19 所示，涉及的 PictureBoxSizeMode 枚举如表 5-20 所示。

表 5-19　PictureBox 控件常用属性

属　　性	类　　型	功　能　说　明
Image	Image 类	获取或设置由 PictureBox 显示的图像
SizeMode	PictureBoxSizeMode 枚举	指示如何显示图像

表 5-20　PictureBoxSizeMode 枚举成员

成　员　名　称	功　能　说　明
Normal	图像被置于 PictureBox 的左上角，如果图像比包含它的 PictureBox 大，则该图像将被剪裁掉
StretchImage	PictureBox 中的图像被拉伸或收缩，以适合 PictureBox 的大小
AutoSize	调整 PictureBox 大小，使其等于所包含的图像大小
CenterImage	如果 PictureBox 比图像大，则图像将居中显示；如果图像比 PictureBox 大，则图片将居于 PictureBox 中心，而外边缘将被剪裁掉
Zoom	图像按其原有的大小比例被扩大或缩小

要对 PictureBox 控件的 Image 属性赋值，需要用到 Image 类的 FromFile()方法和 FromStream()方法。

1. FromFile()方法

本方法从指定的文件中创建 Image，方法的原型如下。

```
public static Image FromFile(string filename)
```

原型说明：

(1) 参数 filename 表示要从中创建 Image 的文件的名称。

(2) 返回此方法创建的 Image。

2. FromStream()方法

本方法从指定的数据流创建 Image，方法的原型如下。

```
public static Image FromStream(Stream stream)
```

原型说明：

(1) 参数 stream 表示一个流，包含此 Image 的数据。

(2) 返回此方法创建的 Image。

关于 PictureBox 控件的用法参见 5.2.10 小节中的示例 FileBrowser 程序。

5.2.9　TreeView 控件

Windows 窗体上的 TreeView 控件用来显示具有层次结构的节点，类似于 Windows 资源管理器左窗格中显示文件和文件夹的方式，该控件常用的属性如表 5-21 所示。

TreeView 控件的 Nodes 属性是 TreeNodeCollection 类型，TreeNodeCollection 表示 TreeNode 对象的集合，TreeNode 对象代表 TreeView 的节点，它的常用属性如表 5-22 所示。

表 5-21　TreeView 控件常用属性

属　　性	类　　型	功　能　说　明
CheckBoxes	bool	指示是否在 TreeView 控件中的树节点旁显示复选框
Nodes	TreeNodeCollection 类	获取分配给 TreeView 控件的树节点集合
FullRowSelect	bool	指示选择突出显示是否跨越树视图控件的整个宽度
HideSelection	bool	指示选中的树节点是否在 TreeView 失去焦点时保持突出显示

表 5-22　TreeNode 对象常用属性

属　　性	类　　型	功　能　说　明
Checked	bool	指示树节点是否处于选中状态
FullPath	string	设置从根树节点到当前树节点的路径
Index	int	从零开始的索引值,表示树节点在 Nodes 集合中的位置
IsSelected	bool	用以指示树节点是否处于选中状态
Level	Int	获取 TreeView 控件中的树视图的深度,根节点被视为嵌套的第一层,并返回 0
Text	String	获取或设置在树节点标签中显示的文本

TreeNode 对象的常用方法有以下两个。

1. Expand()方法

本方法展开树节点,方法的原型如下。

```
public void Expand()
```

原型说明:

(1) 参数无。

(2) 返回值无。

2. ExpandAll()方法

本方法展开所有子树节点,方法的原型如下。

```
public void ExpandAll()
```

原型说明:

(1) 参数无。

(2) 返回值无。

关于 TreeView 控件的用法参见 5.2.10 小节的示例 FileBrowser 程序。

5.2.10　ListView 控件

Windows 窗体上的 ListView 控件显示了带图标的项的列表,可创建类似于 Windows 资源管理器右窗格的用户界面。该控件常用的属性如表 5-23 所示,其中涉及的 View 枚举如表 5-24 所示。

125

表 5-23　ListView 控件常用属性

属　　性	类　　型	功　能　说　明
Columns	ColumnHeaderCollection 类	获取控件中显示的所有列标题的集合
Items	ListViewItemCollection 类	获取包含控件中所有项的集合
MultiSelect	bool	获取或设置一个值，该值指示是否可以选择多个项
View	View 枚举	获取或设置项在控件中的显示方式
ShowGroups	bool	获取或设置一个值，该值指示是否以分组方式显示项
HideSelection	bool	获取或设置一个值，该值指示当控件没有焦点时，该控件中选中的项是否保持突出显示
FullRowSelect	bool	获取或设置一个值，该值指示单击某项是否选择其所有子项
CheckBoxes	bool	获取或设置一个值，该值指示控件中各项的旁边是否显示复选框

表 5-24　View 枚举成员

成 员 名 称	功　能　说　明
LargeIcon	每个项都显示为一个最大化图标，在它的下面有一个标签
Details	每个项显示在不同的行上，最左边的列包含一个小图标和标签，后面的列包含应用程序指定的子项
SmallIcon	每个项都显示为一个小图标，在它的右边带一个标签
List	每个项都显示为一个小图标，在它的右边带一个标签，各项排列在列中，没有列标头
Tile	每个项都显示为一个完整大小的图标，在它的右边带项标签和子项信息。显示的子项信息由应用程序指定

　　ListView 控件的 Columns 属性是 ColumnHeaderCollection 类型，它表示 ListView 控件中列标题的集合，ColumnHeader 对象代表列标题，它的常用属性如表 5-25 所示，其中涉及的 HorizontalAlignment 枚举如表 5-26 所示。

表 5-25　ColumnHeader 对象常用属性

属　　性	类　　型	功　能　说　明
Index	int	获取该列在 ListView 控件的 ColumnHeaderCollection 中的位置（索引从 0 开始）
Text	string	获取或设置列标题中显示的文本
TextAlign	HorizontalAlignment 枚举	获取或设置 ColumnHeader 中所显示文本的水平对齐方式
Width	int	获取或设置列的宽度（以像素为单位）

表 5-26　HorizontalAlignment 枚举成员

成 员 名 称	功　能　说　明
Left	对象或文本与控件元素的左侧对齐
Right	对象或文本与控件元素的右侧对齐
Center	对象或文本与控件元素的中心对齐

ListView 控件的 Items 属性是 ListViewItemCollection 类型,它表示 ListView 控件中的项的集合,其中 ListViewItem 对象代表 ListView 控件中的项,它的常用属性如表 5-27 所示。

表 5-27　ListViewItem 对象常用属性

属　性	类　　　型	功　能　说　明
Index	int	获取 ListView 控件中该项从零开始的索引
Selected	bool	获取或设置一个值,该值指示是否选中此项
SubItems	ListViewItem.ListViewSubItemCollection 类	获取包含该项的所有子项的集合
Text	string	获取或设置该项的文本

ListViewItem 对象的 SubItems 属性是 ListViewItem.ListViewSubItemCollection 类型,它表示 ListViewItem 中储存的 ListViewSubItem 对象的集合。ListViewSubItem 类代表 ListViewItem 的子项,它最重要的属性是 Text 属性,用于获取或设置子项的文本。

下面设计一个综合性的示例程序,将 PictureBox 控件、TreeView 控件和 ListView 控件都用在程序中。

示例:codes\05\FileBrowser

本程序实现了文件浏览功能,其中,图片文件可以预览,不过考虑到程序的长度,本程序没有实现子文件夹的打开功能,读者如果感兴趣可以自己实现。

启动 VS.NET,新建项目类型选择 Visual C#→Windows,模板选择"Windows 窗体应用程序",名称填为"FileBrowser",然后按照如下步骤工作。

(1)设计程序界面。在窗体上添加 3 个 Label 控件、1 个 TreeView 控件、1 个 ListView 控件和 1 个 PictureBox 控件,它们的属性设置如表 5-28 所示。

表 5-28　FileBrowser 演示程序属性设置

类　　　型	属　　　性	属　性　值
Label	Name	label1
	Text	目录列表:
Label	Name	label2
	Text	文件列表:
Label	Name	label3
	Text	图片预览:
TreeView	Name	treeView1
ListView	Name	listView1
PictureBox	Name	pictureBox1
	SizeMode	StretchImage

(2)编写程序代码。设计完界面,编写如下程序代码。

程序清单:codes\05\FileBrowser\Form1.cs

```
1    namespace FileBrowser
2    {
3        public partial class Form1 : Form
```

```
 4      {
 5          public Form1()
 6          {
 7              InitializeComponent();
 8          }
 9          private void Form1_Load(object sender, EventArgs e)
10          {
11              DriveInfo driver = new DriveInfo("e:");
12              DirectoryInfo di = driver.RootDirectory;        //得到 E 盘根目录
13              DirectoryInfo[] dirs = di.GetDirectories();    //得到根目录下的所有子目录
14              TreeNode nodeRoot = new TreeNode(driver.RootDirectory.Name);
15              treeView1.Nodes.Add(nodeRoot);
16              TreeNode node;
17              foreach (DirectoryInfo dir in dirs)
18              {
19                  node = new TreeNode(dir.Name);
20                  nodeRoot.Nodes.Add(node);
21              }
22              nodeRoot.Expand();
23          }
24          private void treeView1_AfterSelect(object sender, TreeViewEventArgs e)
25          {
26              listView1.Columns.Clear();
27              listView1.Items.Clear();
28              listView1.Columns.Add("文件名", 100);
29              listView1.Columns.Add("大小", 100,HorizontalAlignment.Right);
30              DirectoryInfo di = null;
31              if (e.Node.Parent == null)                    //E 盘根目录
32              {
33                  di = new DirectoryInfo(e.Node.Text);
34              }
35              else                                          //非 E 盘根目录
36              {
37                  di = new DirectoryInfo("e:\\" + e.Node.Text);
38              }
39              FileInfo[] fis = di.GetFiles();
40              ListViewItem lvi = null;
41              ListViewItem.ListViewSubItem lvsi = null;
42              foreach(FileInfo fi in fis)
43              {
44                  lvi = new ListViewItem(fi.Name);
45                  long size = (fi.Length + 1023)/1024;
46                  lvsi = new ListViewItem.ListViewSubItem(lvi,
47                               size.ToString("#,#") + " KB");
48                  lvi.SubItems.Add(lvsi);
49                  listView1.Items.Add(lvi);
50              }
```

```
51                    listView1.View = View.Details;
52                }
53            private void listView1_SelectedIndexChanged(object sender, EventArgs e)
54            {
55                FileInfo fi = null;
56                string path;
57                if (listView1.SelectedItems.Count > 0)
58                {
59                    if (treeView1.SelectedNode.Parent == null)//如果是 E 盘根目录
60                    {
61                        path = "e:\\" + listView1.SelectedItems[0].Text;
62                    }
63                    else                                    //如果不是 E 盘根目录
64                    {
65                        path = "e:\\" + treeView1.SelectedNode.Text + "\\"
66                            + listView1.SelectedItems[0].Text;
67                    }
68                    fi = new FileInfo(path);
69                    if (fi.Extension.ToLower() == ".bmp"
70                        || fi.Extension.ToLower() == ".jpg"
71                        || fi.Extension.ToLower() == ".gif"
72                        || fi.Extension.ToLower() == ".wmf"
73                        || fi.Extension.ToLower() == ".ico")
74                    {
75                        pictureBox1.Image = Image.FromFile(path);
76                    }
77                }
78            }
79        }
80 }
```

代码解释：

① 第 9 行～第 23 行代码定义了窗体 Load 事件的事件处理程序，这段程序通过循环将 E 盘根目录下的所有子目录通过 treeView1 控件以节点的形式显示出来。

② 第 11 行代码创建了一个 DriveInfo 类对象变量 driver，该对象提供对有关驱动器信息的访问，本程序访问 E 盘。

③ 第 12 行代码声明了一个 DirectoryInfo 类型的对象，并通过 driver 对象调用属性 RootDirectory 进行初始化。

④ 第 13 行代码获取 E 盘根目录下的所有子目录并赋给 DirectoryInfo 数组变量 dirs。

⑤ 第 14 行代码创建一个 TreeNode 对象 nodeRoot 作为 treeView1 控件的根节点。

⑥ 第 15 行代码将根节点对象 nodeRoot 添加到 treeView1 控件的 Nodes 属性集合中。

⑦ 第 16 行代码创建了一个 TreeNode 对象 node 作为 treeView1 控件的普通节点。

⑧ 第 17 行～第 21 行代码构建了一个 foreach 循环，用以遍历目录数组 dirs 中的每个元素，其中，第 19 行代码实例化普通节点对象 node，第 20 行代码则将该 node 添加到根节

点 nodeRoot 的 Nodes 属性集合中。

⑨ 第 22 行代码展开根节点 nodeRoot。

⑩ 第 24 行～第 52 行代码定义了 treeView1 控件的 AfterSelect 事件处理程序，AfterSelect 事件在选中树节点后发生。这段程序将选中目录下的所有文件通过 listView1 控件显示出来。

⑪ 第 26 行代码通过调用 Columns 属性的 Clear()方法将 listView1 控件的所有列清空。

⑫ 第 27 行代码通过调用 Items 属性的 Clear()方法将 listView1 控件的所有行清空。

⑬ 第 28 行和 29 行代码为 listView1 控件添加两个列。

⑭ 第 30 行代码声明了一个 DirectoryInfo 对象变量 di，该变量代表当前选中的目录。

⑮ 第 31 行～第 38 行代码创建了一个 if…else…分支判断，如果当前节点的父节点为 null，说明当前目录是 E 盘根目录，这时用 E 盘根目录实例化 DirectoryInfo 变量 di；否则说明当前目录不是 E 盘根目录，而是其子目录，这时可用 E 盘根目录加上当前目录一起来实例化 DirectoryInfo 变量 di。

⑯ 第 39 行代码获取当前目录下的所有文件，并存储在 FileInfo 类型数组变量 fis 中。

⑰ 第 40 行代码声明 ListViewItem 类型的变量 lvi，它表示 listView1 控件的项。

⑱ 第 41 行代码声明 ListViewSubItem 类型变量 lvsi，它表示 lvi 所代表的项的子项。

⑲ 第 42 行～第 50 行构建了一个 foreach 循环，用以遍历 FileInfo 类型的数组变量 fis，取出其中的每个 FileInfo 对象。其中第 44 行代码用文件名实例化 lvi 对象，第 45 行至第 47 行代码用文件大小实例化 lvsi 对象。在计算文件大小时，之所以多加个 1023 是因为如果不加，则计算出的结果将舍弃文件大小中小于 1024 的部分，而事实上这部分空间是分配的，所以加上 1023 补上这部分空间。

⑳ 第 48 行代码将子项 lvsi 添加到项 lvi 的 SubItems 属性集合中。

㉑ 第 49 行代码将项 lvi 添加到 listView1 控件的 Items 属性集合中。

㉒ 第 51 行代码设置 listView1 控件的显示方式为 Details。

㉓ 第 53 行～第 78 行代码定义了 listView1 控件的 SelectedIndexChanged 事件的事件处理程序，这段程序判断选中的文件是否是图片文件，如果是则将其显示在 PictureBox 控件中。

㉔ 第 57 行代码的 if 语句用来判断当前是否有文件被选中，如果有则进一步判断其是否是图片文件，否则什么也不做。

㉕ 第 59 行～第 67 行代码通过 if…else…分支判断来获取当前选中文件的全路径名，不管它是 E 盘根目录下的文件还是其他目录下的文件。

㉖ 第 68 行代码根据选中文件的全路径名实例化 FileInfo 对象。

㉗ 第 69 行～第 76 行代码判断文件是否图片文件，如果是则将其显示在 PictureBox 控件中。

（3）运行程序。程序运行结果如图 5-6 所示。

图 5-6　FileBrowser 演示程序运行结果

5.3　容　器　控　件

容器控件是指内部可以容纳其他控件的控件,本节讲解 3 种容器控件：TabControl 控件、Panel 控件和 SplitContainer 控件。

5.3.1　TabControl 控件

Windows 窗体上的 TabControl 控件可以显示多个选项卡,这些选项卡可包含其他控件。通常使用 TabControl 控件来创建属性页,其常用属性如表 5-29 所示。

表 5-29　TabControl 控件常用属性

属　　性	类　　型	功　能　说　明
SelectedIndex	int	获取或设置当前选中的选项卡页的索引,从 0 开始
SelectedTab	TabPage 类	获取或设置当前选中的选项卡页
TabCount	int	获取选项卡条中选项卡的数目
TabPages	TabPageCollection 类	获取该选项卡控件中选项卡页的集合

TabPageCollection 类是包含 TabPage 对象的集合。TabPage 对象表示 TabControl 控件中的单个选项卡页,它最重要的属性是 Text 属性,表示要在选项卡上显示的文本。下面看一个使用 TabControl 控件的例子。

示例：codes\05\TabControlDemo

本程序模拟属性设置窗口,提供了颜色列表和字体列表,不过将本程序应用在什么场合要由读者自己决定。

启动 VS. NET,新建项目类型选择 Visual C♯→Windows,模板选择"Windows 窗体应

用程序"，名称填为"TabControlDemo"，然后按照如下步骤工作。

（1）设计程序界面。首先在窗体上添加 1 个 TabControl 控件，并通过属性窗口选中其 TabPages 属性，为其添加 2 个选项卡 tabPage1 和 tabPage2，然后在 tabPage1 容器内添加 1 个 ListView 控件，名为 listView1，在 tabPage2 容器内添加一个 ListView 控件，名为 listView2，添加一个 Label 控件，名为 lblFont，最后在窗体上添加 2 个 Button 控件，它们的属性设置如表 5-30 所示。

表 5-30　TabControl 控件演示程序属性设置

类　　型	属　　性	属　性　值
TabPage	Name	tabPage1
	Text	颜色
ListView	Name	listView1
	FullRowSelect	True
TabPage	Name	tabPage2
	Text	字体
ListView	Name	listView2
	FullRowSelect	True
Label	Name	lblFont
	Text	中国 China
	TextAlign	MiddleCenter
Button	Name	butOk
	Text	确定
Button	Name	butCancel
	Text	取消

（2）编写程序代码。设计完界面，编写如下程序代码。

程序清单：codes\05\TabControlDemo\Form1. cs

```
1   using System. Reflection;
2   namespace TabControlDemo
3   {
4       public partial class Form1 : Form
5       {
6           public Form1()
7           {
8               InitializeComponent();
9           }
10          private ListViewItem GetListViewItem(Color c)
11          {
12              ListViewItem lvi;
13              ListViewItem. ListViewSubItem lvsi;
14              lvi = new ListViewItem(c. Name);
15              lvi.UseItemStyleForSubItems = false;
16              lvsi = new ListViewItem. ListViewSubItem(lvi,"");
17              lvsi.BackColor = c;
```

```
18              lvi.SubItems.Add(lvsi);
19              return lvi;
20          }
21      private void Form1_Load(object sender, EventArgs e)
22      {
23          listView1.Columns.Add("名称", 100);
24          listView1.Columns.Add("颜色", 200);
25          //
26          Type T = typeof(Color);
27          PropertyInfo[] pis = T.GetProperties();
28          Color c;
29          foreach (PropertyInfo pi in pis)
30          {
31              if (pi.PropertyType == typeof(Color))
32              {
33                  c = Color.FromName(pi.Name);
34                  listView1.Items.Add(GetListViewItem(c));
35              }
36          }
37          //
38          listView1.View = View.Details;
39          //
40          listView2.Columns.Add("名称", 100);
41          FontFamily[] ffs = FontFamily.GetFamilies(this.CreateGraphics());
42          foreach (FontFamily ff in ffs)
43          {
44              listView2.Items.Add(ff.Name);
45          }
46          listView2.View = View.Details;
47      }
48      private void listView2_SelectedIndexChanged(object sender, EventArgs e)
49      {
50          try
51          {
52              if (listView2.SelectedItems.Count > 0)
53              {
54                  FontFamily ff =
55                      new FontFamily(listView2.SelectedItems[0].Text);
56                  Font f = new Font(ff, 40);
57                  lblFont.Font = f;
58              }
59          }
60          catch (Exception ex)
61          {
62              MessageBox.Show(ex.Message);
63          }
64      }
65      private void butOk_Click(object sender, EventArgs e)
66      {
67          //此处应编写使用选中颜色和字体的代码
68          this.Close();
```

133

```
69              }
70          private void butCancel_Click(object sender, EventArgs e)
71          {
72              this.Close();
73          }
74      }
75  }
```

代码解释：

① 第 10 行～第 20 行代码自定义了 GetListViewItem()方法。该方法根据 Color 类型参数返回一个 ListViewItem 对象。

② 第 21 行～第 47 行代码定义了窗体的 Load 事件对象的处理程序，这段程序做了两件事，一是初始化 listView1 控件，自第 23 行～第 38 行代码通过反射编程分析 Color 类，找出其各种颜色属性后初始化 listView1 控件；二是初始化 listView2 控件，自第 40 行～第 46 行代码通过 foreach 循环遍历 FontFamily 数组，取出每种字体家族的名称，然后初始化 listView2 控件。反射编程很有用，它可以在运行时分析并使用类中的各种成员，不过这已经超出本书范畴，感兴趣的读者可参考相关书籍。

③ 第 48 行～第 64 行代码定义了 listView2 控件的 SelectedIndexChanged 事件的处理程序。这段代码完成如下功能：当用户选中一种字体时，根据选中字体的名字创建相应的 Font 对象，然后用该 Font 对象设置 lblFont 控件的 Font 属性，这就实现了所选字体的示例效果。

④ 第 65 行～第 69 行代码定义了 butOk 按钮的 Click 事件的处理程序，应该在此处编写应用颜色和字体属性的代码，此处从略，感兴趣的读者可自行完成。

（3）运行程序。运行上述示例程序，结果如图 5-7 所示。

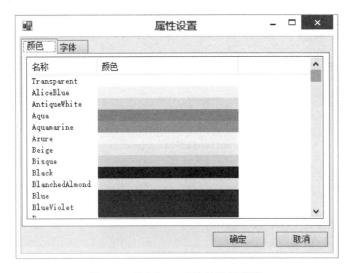

图 5-7　TabControl 控件演示程序

5.3.2　SplitContainer 控件

Windows 窗体上的 SplitContainer 控件是由一个可移动的拆分条（也叫拆分器）分隔的

两个容器。当鼠标指针悬停在该拆分条上时,可移动该拆分条,从而改变两个容器的大小。关于 SplitContainer 控件的常用属性如表 5-31 所示,其中涉及的 Orientation 枚举如表 5-32 所示。

表 5-31　SplitContainer 控件常用属性

属　　性	类　　型	功 能 说 明
Orientation	Orientation 枚举	获取或设置一个值,该值指示 SplitContainer 面板处于水平方向还是垂直方向
IsSplitterFixed	bool	获取或设置一个值,用以指示拆分器是固定的还是可移动的。如果拆分条是固定的,则为 true;否则为 false。默认为 false
SplitterDistance	int	获取或设置拆分器离 SplitContainer 的左边缘或上边缘的位置(以像素为单位)
SplitterIncrement	int	获取或设置一个值,该值表示拆分器移动的增量(以像素为单位)
SplitterWidth	int	获取或设置拆分器的宽度(以像素为单位)

表 5-32　Orientation 枚举成员

成员名称	功 能 说 明
Horizontal	水平放置控件或元素
Vertical	垂直放置控件或元素

SplitContainer 控件无须编程,因为它仅作为窗体上可变的布局容器。下面看一个关于 SplitContainer 控件的示例程序。

示例：codes\05\SplitContainerDemo

启动 VS. NET,新建项目类型选择 Visual C#→Windows,模板选择“Windows 窗体应用程序”,名称填为 SplitContainerDemo,然后按照如下步骤工作。

首先在窗体上添加 SplitContainer 控件,将 Panel1 和 Panel2 调整为合适的大小,然后在 Panel1 容器上添加 1 个 Label 控件和 1 个 TreeView 控件,在 Panel2 容器上添加 2 个 Label 控件、1 个 ListView 控件和 1 个 PictureBox 控件。它们的属性设置如表 5-33 所示。

表 5-33　SplitContainer 控件演示程序属性设置

类　　型	属　　性	属　性　值
SplitContainer	Name	splitContainer1
	Dock	Fill
	Orientation	Vertical
	SplitterDistance	180
Label	Name	label1
	Text	目录列表:
TreeView	Name	treeView1
	Anchor	Top,Left,Right

续表

类　　型	属　　性	属　性　值
Label	Name	label2
	Text	文件列表：
ListView	Name	listView1
	Anchor	Top,Left,Right
Label	Name	label3
	Text	图片预览：
PictureBox	Name	pictureBox1
	SizeMode	StretchImage
	Anchor	Top,Left,Right

按照上述步骤设计完后，界面如图 5-8 所示。

图 5-8　SplitContainer 控件演示程序

谈到容器的使用，有两个属性需要在此处作深入地讲解，那就是 Anchor 属性和 Dock 属性。

（1）Anchor 属性。Anchor 属性实际上定义在 Control 类中，当一个父控件（即容器控件）的大小发生变化时，包含在其中的子控件可以使用 Anchor 属性来决定其自身如何适应这种变化。实际上，通过将子控件的边缘锚定到父控件的边缘，可确保子控件在父控件的大小发生变化时，同父控件的相对位置保持不变。Anchor 属性的声明原型如下。

```
public virtual AnchorStyles Anchor { get; set; }
```

上述声明中的 AnchorStyles 枚举指定控件如何锚定到其容器的边缘，其成员如表 5-34 所示。

表 5-34　AnchorStyles 枚举成员

成 员 名 称	功 能 说 明
Top	该控件锚定到其容器的上边缘
Bottom	该控件锚定到其容器的下边缘
Left	该控件锚定到其容器的左边缘
Right	该控件锚定到其容器的右边缘
None	该控件未锚定到其容器的任何边缘

（2）Dock 属性。Dock 属性也定义在 Control 类中，它的用途与 Anchor 类似，也是用来控制子控件与父控件的相对位置，不过设置 Dock 属性会将子控件的边缘紧靠并充满父控件的边缘。Anchor 和 Dock 属性是互相排斥的，每次只可以设置其中一个属性，且最后设置的属性优先。Dock 属性的原型如下。

```
public virtual DockStyle Dock { get; set; }
```

上述声明中的 DockStyle 枚举指定控件停靠的位置和方式，其成员如表 5-35 所示。

表 5-35　DockStyle 枚举成员

成 员 名 称	功 能 说 明
None	该控件未停靠
Top	该控件的上边缘停靠在其包含控件的顶端
Bottom	该控件的下边缘停靠在其包含控件的底部
Left	该控件的左边缘停靠在其包含控件的左边缘
Right	该控件的右边缘停靠在其包含控件的右边缘
Fill	控件的各个边缘分别停靠在其包含控件的各个边缘，并且适当调整大小

5.4　工 具 控 件

本书中要讲解的工具控件包括菜单栏（MenuStrip）、工具栏（ToolStrip）和状态栏（StatusStrip）。

5.4.1　菜单栏控件

构建窗体的菜单体系有两种方法：一种是完全通过手工编程实现；另一种是借助于 VS.NET 集成开发环境提供的可视化设计手段来自动生成代码。这两种方式使用的代码是一样的，只不过后一种减少了程序员的工作负担。为了让读者能明白这些代码的工作原理，下面先讲解第一种纯手工的方法，然后再讲解第二种办法。

1. 手工编程设计窗体菜单体系

构建窗体的菜单体系需要用到 MenuStrip、ToolStripMenuItem 和 ToolStripSeparator 这 3 个类。其中，MenuStrip 类构建窗体菜单体系的顶级容器；ToolStripMenuItem 构建菜

137

单体系中的菜单项；ToolStripSeparator 类则用来构建菜单项之间的分隔条。下面编写一段程序来创建窗体上的菜单。

示例：codes\05\MenuStripDemo

本程序要演示用手工编码方式创建窗体菜单体系的过程。

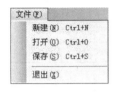

图 5-9　MenuStrip 类演示程序界面

启动 VS. NET，新建项目类型选择 Visual C# → Windows，模板选择"Windows 窗体应用程序"，名称填为 MenuStripDemo，然后按照如下步骤工作。

（1）设计程序界面。本程序在窗体上创建下拉式菜单。其中，顶级菜单为"文件"，其子菜单有"新建""打开""保存"和"退出"等，其界面效果如图 5-9 所示。

（2）编写程序代码。设计完界面，编写如下程序代码。

程序清单：codes\05\MenuStripDemo\Form1.cs

```
1    namespace MenuStripDemo
2    {
3        public partial class Form1 : Form
4        {
5            public Form1()
6            {
7                InitializeComponent();
8            }
9            private void Form1_Load(object sender, EventArgs e)
10           {
11               MenuStrip ms = new MenuStrip();
12               //建立"文件"菜单及其子菜单项
13               ToolStripMenuItem mnuFile = new ToolStripMenuItem("文件(&F)");
14               ToolStripMenuItem mnuNew = new ToolStripMenuItem("新建(&N)");
15               mnuNew.Click += new EventHandler(mnuNew_Click);
16               mnuNew.ShortcutKeys = Keys.Control|Keys.N;
17               ToolStripMenuItem mnuOpen = new ToolStripMenuItem("打开(&O)");
18               mnuOpen.Click += new EventHandler(mnuOpen_Click);
19               mnuOpen.ShortcutKeys = Keys.Control | Keys.O;
20               ToolStripMenuItem mnuSave = new ToolStripMenuItem("保存(&S)");
21               mnuSave.Click += new EventHandler(mnuSave_Click);
22               mnuSave.ShortcutKeys = Keys.Control | Keys.S;
23               ToolStripSeparator sep1 = new ToolStripSeparator();
24               ToolStripMenuItem mnuExit = new ToolStripMenuItem("退出(&X)");
25               mnuExit.Click += new EventHandler(mnuExit_Click);
26               mnuFile.DropDownItems.AddRange(new
27                   ToolStripItem[]{mnuNew,mnuOpen,mnuSave,sep1,mnuExit});
28               ms.Items.Add(mnuFile);
29               this.Controls.Add(ms);
30           }
31           void mnuNew_Click(object sender, EventArgs e)
32           {
```

```
33              MessageBox.Show("实现新建功能","MenuStrip 控件演示程序",
34                  MessageBoxButtons.OK, MessageBoxIcon.Information);
35          }
36      void mnuOpen_Click(object sender, EventArgs e)
37          {
38              MessageBox.Show("实现打开功能","MenuStrip 控件演示程序",
39                  MessageBoxButtons.OK, MessageBoxIcon.Information);
40          }
41      void mnuSave_Click(object sender, EventArgs e)
42          {
43              MessageBox.Show("实现保存功能","MenuStrip 控件演示程序",
44                  MessageBoxButtons.OK,MessageBoxIcon.Information);
45          }
46      void mnuExit_Click(object sender, EventArgs e)
47          {
48              this.Close();
49          }
50      }
51  }
```

代码解释：

① 本程序创建菜单体系的代码均写在窗体的 Load 事件的处理程序中。第 11 行代码创建了 MenuStrip 对象，该对象就是窗体菜单体系的顶级容器；第 13 行代码创建了 ToolStripMenuItem 对象 mnuFile，它对应"文件"菜单项。注意，"&F"用于设置"文件"菜单的访问键。其中，& 符号会使 F 字母下产生下划线。

② 第 14 行代码创建了 ToolStripMenuItem 对象 mnuNew，它对应"新建"菜单项；第 15 行代码为 mnuNew 对象的 Click 事件关联处理程序 mnuNew_Click；第 16 行代码设置 mnuNew 菜单项的快捷键。

③ 第 17 行～第 25 行代码分别创建了"打开""保存"和"退出"等菜单项。

④ 第 26 行和第 27 行代码将上述菜单项添加到"文件"菜单对象 mnuFile 的 DropDownItems 属性中。

⑤ 第 28 行代码将 mnuFile 对象添加到 MenuStrip 对象 ms 的 Items 属性中。

⑥ 第 29 行代码将 ms 对象添加到窗体的 Controls 属性中。

⑦ 第 31 行～第 49 行代码分别定义了上述菜单项的 Click 事件的处理程序，并简单实现了它们的功能。

（3）运行程序。下面运行示例程序，结果如图 5-10 所示。

2. 通过 VS. NET 集成开发环境的可视化手段设计窗体菜单体系

通过上面的分析，明白了如何自己编写创建菜单的代码，而上述代码也可以由 VS. NET 自动生成，具体过程看下面的例子。

示例：codes\05\AutoGenMenuStripDemo

本程序演示通过 VS. NET 自动生成 MenuStrip 代码创建窗体菜单体系。

启动 VS. NET，新建项目类型选择 Visual C#→Windows，模板选择"Windows 窗体应用程序"，名称填为 AutoGenMenuStripDemo，然后按照如下步骤工作。

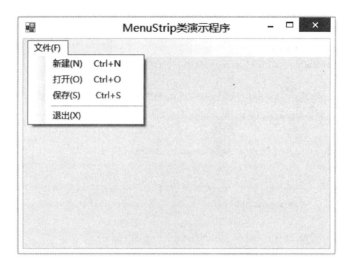

图 5-10　MenuStrip 类演示程序运行结果

（1）设计程序界面。通过 VS.NET 创建窗体菜单体系有如下一些步骤。

① 选中"工具箱"→"菜单和工具栏"下的 MenuStrip 控件，双击添加至当前窗体上，界面如图 5-11 所示。

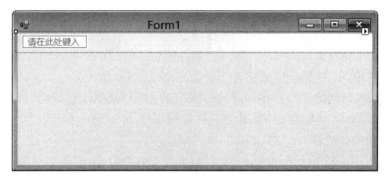

图 5-11　添加 MenuStrip 控件

② 单击"请在此处键入"项，进入顶级菜单编辑状态，界面如图 5-12 所示。

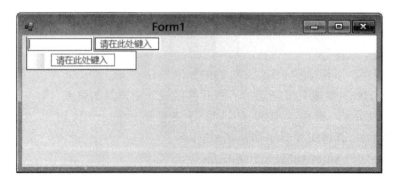

图 5-12　进入顶级菜单编辑状态

③ 输入"文件(&F)",按 Enter 键结束本项编辑。然后用鼠标选中该菜单项,右击打开其属性窗口,将其默认名字"文件 FtoolStripMenuItem"修改为 mnuFile。最后单击"文件"菜单项下面的"请在此处键入"项,进入子菜单的编辑状态,界面如图 5-13 所示。

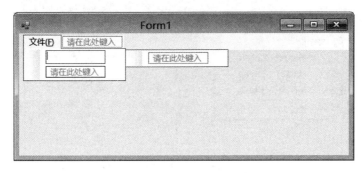

图 5-13　子菜单编辑状态界面

④ 输入"新建(&N)",关闭编辑状态,修改其名字为 mnuNew,找到 ShortcutKeys 属性,设置为 Ctrl+N,关闭其编辑状态,界面如图 5-14 所示。

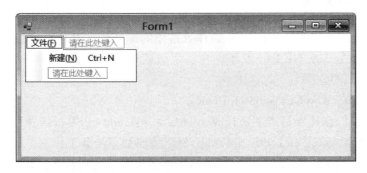

图 5-14　子菜单编辑状态界面

⑤ 选中"新建"菜单项,右击打开"属性"窗口,单击"事件"按钮,界面如图 5-15 所示。

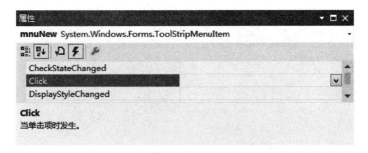

图 5-15　打开事件生成窗口

⑥ 双击 Click 事件后边的空白项,VS. NET 自动生成如下代码框架:

```
private void mnuNew_Click(object sender, EventArgs e)
{

}
```

141

这样就可以为"新建"菜单项编写响应代码了。

重复步骤④～⑥可以创建"打开""保存"和"退出"等菜单项。

（2）运行程序。设计完界面后运行程序，结果如图5-16所示。

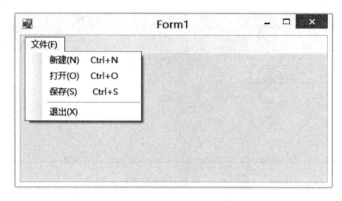

图5-16　通过 VS. NET 设计的窗体菜单

5.4.2　工具栏控件

ToolStrip 控件用于设计 Windows 窗体上常用的工具栏。设计工具栏可以由程序员自己写代码，不过通过 VS. NET 开发环境自动生成代码更方便，所以本节只介绍如何通过 VS. NET 创建工具栏。

示例：codes\05\AutoGenToolStripDemo

启动 VS. NET，新建项目类型选择 Visual C♯→Windows，模板选择"Windows 窗体应用程序"，名称填为 AutoGenToolStripDemo，然后按照如下步骤工作。

（1）设计程序界面。在设计工具栏之前，先准备工具栏上按钮要使用的图标，然后按照如下步骤操作。

① 选中"工具箱"→"菜单和工具栏"→ToolStrip 控件，双击添加至当前窗体上，界面如图5-17所示。

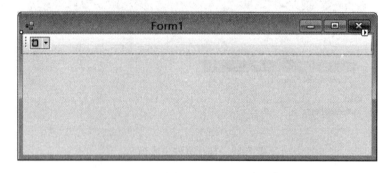

图5-17　添加 ToolStrip 控件

② 单击工具栏上的"添加 ToolStripButton"按钮，界面显示 8 种可选子控件，如图5-18所示。在 ToolStrip 控件上可添加 8 种子控件，关于它们的详细说明如表5-36所示。

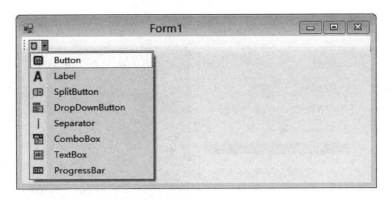

图 5-18　单击"添加 ToolStripButton"按钮

表 5-36　可在 ToolStrip 上创建的 8 种子控件

类　　型	说　　明
ToolStripButton	创建一个支持文本和图像的工具栏按钮
ToolStripLabel	创建一个不可选的标签,可呈现文本和图像
ToolStripSplitButton	创建一个左侧标准按钮和右侧下拉按钮的组合
ToolStripDropDownButton	创建一个能显示下拉区域的工具栏按钮
ToolStripSeparator	创建一个直线,用于对 ToolStrip 上的相关项进行分组
ToolStripComboBox	创建一个组合框
ToolStripTextBox	创建一个文本框
ToolStripProgressBar	创建一个进度条

③ 选择 Button 选项,在 ToolStrip 上添加了一个 Button 按钮,界面如图 5-19 所示。

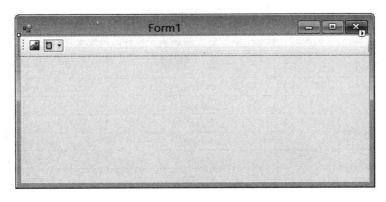

图 5-19　添加一个 Button 按钮

④ 选中新增的 Button 按钮,右击打开属性窗口,将其名称修改为 tsbOpen,然后找到 Image 属性,单击其右侧的 ▦ 按钮,打开"选择资源"对话框,如图 5-20 所示。

⑤ 单击"导入"按钮,在当前项目文件夹下找到 open. png 文件,然后单击"确定"按钮,这样,就为新增的按钮选择了自定义的图标,效果如图 5-21 所示。

⑥ 重复②～⑤,再增加 7 个 ToolStripButton 和 2 个 ToolStripSeparator,现在将 ToolStrip 控件上的这些新增子控件的属性设置总结一下,如表 5-37 所示。

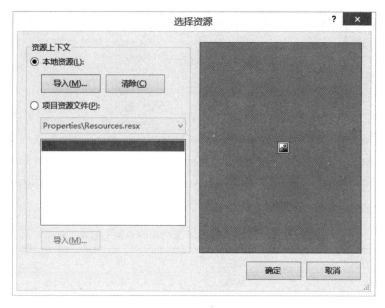

图 5-20 "选择资源"对话框

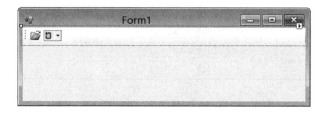

图 5-21 为新增按钮更换图标

表 5-37 **ToolStrip 控件上的新增子控件的属性设置**

类　　型	属　　性	属　性　值
ToolStripButton	Name	tsbOpen
	Image	open. png
ToolStripButton	Name	tsbSave
	Image	save. png
ToolStripButton	Name	tsbSaveAll
	Image	saveall. png
ToolStripSeparator	Name	tss1
ToolStripButton	Name	tsbCut
	Image	cut. png
ToolStripButton	Name	tsbCopy
	Image	copy. png
ToolStripButton	Name	tsbPaste
	Image	paste. png
ToolStripSeparator	Name	tss2

续表

类型	属性	属性值
ToolStripButton	Name	tsbProperty
	Image	property. png
ToolStripButton	Name	tsbTools
	Image	tools. png

(2) 运行程序。设计完界面后运行示例程序,结果如图 5-22 所示。

图 5-22 通过 VS. NET 设计的工具栏

5.4.3 状态栏控件

Windows 窗体上的 StatusStrip 控件在窗体上作为一个区域来使用,此区域通常显示在窗口的底部,应用程序可以在该区域内显示各种状态信息。如果要显示文本或图标类信息,可以使用 ToolStripStatusLabel 控件;如果要以图形的形式显示进程的完成状态信息,则可以使用 ToolStripProgressBar 控件。

下面通过一个示例程序来演示 StatusStrip 控件的用法。

示例:codes\05\StatusStripDemo

本程序通过 StatusStrip 控件显示系统的日期和时间。

启动 VS. NET,新建项目类型选择 Visual C#→Windows,模板选择"Windows 窗体应用程序",名称填为 StatusStripDemo,然后按照如下步骤工作。

(1) 设计程序界面。StatusStrip 控件的使用按照如下步骤操作。

① 选中"工具箱"→"菜单和工具栏"→StatusStrip 控件,双击添加至当前窗体上,界面如图 5-23 所示。

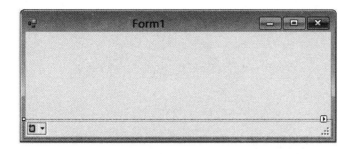

图 5-23 添加 StatusStrip 控件

145

② 单击 StatusStrip 控件上的"添加 ToolStripStatusLabel"按钮，添加 2 个 StatusLabel 控件，它们的属性设置如表 5-38 所示。

表 5-38　StatusStrip 控件上的新增子控件的属性设置

类　　型	属　　性	属　性　值
ToolStripStatusLabel	Name	tsslDate
	Text	（清空）
ToolStripStatusLabel	Name	tsslTime
	Text	（清空）

③ 在窗体上添加一个 Timer 组件，其属性设置如表 5-39 所示。

表 5-39　Timer 组件的属性设置

类　　型	属　　性	属　性　值
Timer	Name	timer1
	Enabled	True
	Interval	1000

（2）编写程序代码。设计完界面，编写如下程序代码。

程序清单：codes\05\StatusStripDemo\Form1. cs

```
1    namespace StatusStripDemo
2    {
3        public partial class Form1 : Form
4        {
5            public Form1()
6            {
7                InitializeComponent();
8            }
9            private void timer1_Tick(object sender, EventArgs e)
10           {
11               tsslDate.Text = System.DateTime.Now.ToLongDateString();
12               tsslTime.Text = System.DateTime.Now.ToLongTimeString();
13           }
14       }
15   }
```

代码解释：

第 9 行～第 13 行代码定义了 timer1 控件的 Tick 事件的处理程序；第 11 行代码显示日期信息；第 12 行代码显示时间信息。

（3）运行程序。下面运行示例程序，结果如图 5-24 所示。

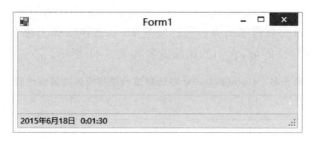

图 5-24 StatusStrip 控件演示程序运行结果

5.5 对 话 框

Windows 应用程序离不开对话框,对话框有两种: 通用对话框和自定义对话框。本节重点讲解. NET 框架提供的 5 种通用对话框。

5.5.1 打开文件对话框

文件对话框(OpenFileDialog)是一个预先配置的对话框,它与 Windows 操作系统所公开的"打开文件"对话框相同,该组件继承自 CommonDialog 类,它的常用属性如表 5-40 所示。

表 5-40 OpenFileDialog 对话框的常用属性

属 性	类 型	功 能 说 明
Filter	string	获取或设置当前文件名筛选器字符串,该字符串决定"文件类型"框中出现的选择内容 示例: 文本文件(＊. txt)｜＊. txt｜所有文件(＊.＊)｜＊.＊
FileName	string	获取或设置包含在文件对话框中选中文件名的字符串
FilterIndex	int	获取或设置文件对话框中当前选中筛选器的索引,第一个筛选器条目的索引值为 1,默认值为 1
InitialDirectory	string	获取或设置文件对话框显示的初始目录
Multiselect	bool	该值指示对话框是否允许选择多个文件
Title	string	获取或设置对话框标题栏的字符串,如果标题为空字符串,则系统将使用默认标题: "另存为"或"打开"

OpenFileDialog 对话框最常用的方法是 ShowDialog(),该方法将以模态方式显示对话框,方法的原型如下。

```
public DialogResult ShowDialog()
```

上述方法的返回类型为 DialogResult 枚举,该枚举的详细说明可参阅 5. 2. 5 小节的表 5-10。下面通过一个示例程序来演示 OpenFileDialog 组件的用法。

示例: codes\05\OpenFileDialogDemo

启动 VS. NET,新建项目类型选择 Visual C♯→Windows,模板选择"Windows 窗体应

用程序"，名称填为 OpenFileDialogDemo，然后按照如下步骤工作。

（1）设计程序界面。本程序的界面设计较简单，只需在窗体上添加一个 Button 按钮和一个 OpenFileDialog 组件即可，它们的属性设置如表 5-41 所示。

表 5-41　OpenFileDialog 对话框演示程序控件的属性设置

类　　型	属　　性	属　性　值
Button	Name	butOpen
	Text	打开…
OpenFileDialog	Name	openFileDialog1

（2）编写程序代码。设计完界面，编写如下程序代码。

程序清单：codes\05\OpenFileDialogDemo\Form1. cs

```
1    namespace OpenFileDialogDemo
2    {
3        public partial class Form1 : Form
4        {
5            public Form1()
6            {
7                InitializeComponent();
8            }
9            private void butOpen_Click(object sender, EventArgs e)
10           {
11               this.openFileDialog1.FileName = "";
12               this.openFileDialog1.Filter = "文本文件( * .txt)| * .txt|所有文件( * . * )|
                     * . * ";
13               this.openFileDialog1.FilterIndex = 1;
14               this.openFileDialog1.InitialDirectory = "c:\\";
15               this.openFileDialog1.ShowDialog();
16           }
17       }
18   }
```

代码解释：

① 第 9 行～第 16 行代码定义了 butOpen 按钮的 Click 事件的处理程序。

② 第 12 行代码设置 openFileDialog1 对话框的文件筛选器字符串，通过设置 Filter 属性，可以指定要显示的文件类型的子集。每个文件类型必须通过至少一个扩展名来说明，如果使用多个扩展名，则每个扩展名必须以分号";"分隔，例如"Office Files| * . doc; * . xls; * . ppt"。

③ 第 13 行代码设置 openFileDialog1 对话框的筛选器索引。

④ 第 14 行代码设置 openFileDialog1 对话框的初始目录。

⑤ 第 15 行代码调用 ShowDialog 方法以模态方式显示对话框。

（3）运行程序。下面运行示例程序，结果如图 5-25 所示。

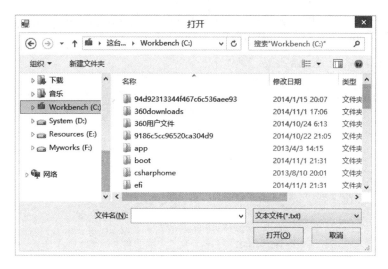

图 5-25　OpenFileDialog 对话框演示程序运行结果

5.5.2　保存文件对话框

保存文件对话框(SaveFileDialog)是一个预先配置的对话框,它与 Windows 使用的标准"保存文件"对话框相同。该组件继承自 CommonDialog 类,它的大多数属性与 OpenFileDialog 组件相同,此处介绍两个与 OpenFileDialog 组件不同的属性,如表 5-42 所示。

表 5-42　SaveFileDialog 对话框的常用属性

属　　性	类型	功　能　说　明
CreatePrompt	bool	获取或设置一个值,该值指示如果用户指定不存在的文件,对话框是否提示用户允许创建该文件,如果进行提示,则为 true,否则为 false,默认值为 false
OverwritePrompt	bool	获取或设置一个值,该值指示如果用户指定的文件名已存在,对话框是否显示警告,如果对用户进行警告,则为 true;否则为 false,默认值为 true

示例:codes\05\SaveFileDialogDemo

启动 VS. NET,新建项目类型选择 Visual C#→Windows,模板选择"Windows 窗体应用程序",名称填为 SaveFileDialogDemo,然后按照如下步骤工作。

(1)设计程序界面。本程序的界面设计较简单,只须在窗体上添加一个 Button 按钮和一个 SaveFileDialog 组件即可,它们的属性设置如表 5-43 所示。

表 5-43　SaveFileDialog 对话框演示程序控件的属性设置

类　　型	属　　性	属　性　值
Button	Name	butSave
	Text	保存…
SaveFileDialog	Name	saveFileDialog1

（2）编写程序代码。设计完界面，编写如下程序代码。

程序清单：codes\05\SaveFileDialogDemo\Form1.cs

```
1   namespace SaveFileDialogDemo
2   {
3       public partial class Form1 : Form
4       {
5           public Form1()
6           {
7               InitializeComponent();
8           }
9           private void butSave_Click(object sender, EventArgs e)
10          {
11              this.saveFileDialog1.FileName = "";
12              this.saveFileDialog1.Filter = "文本文件(*.txt)|*.txt|所有文件(*.*)|
                    *.*";
13              this.saveFileDialog1.FilterIndex = 1;
14              this.saveFileDialog1.InitialDirectory = "c:\\";
15              this.saveFileDialog1.ShowDialog();
16          }
17      }
18  }
```

代码解释：

第 9 行～第 16 行代码定义了 butSave 按钮的 Click 事件的处理程序，其中编写的代码原理与示例 OpenFileDialogDemo 相同，此处不再赘述。

（3）运行程序。下面运行示例程序 SaveFileDialogDemo，在输入保存文件名时，有意选择一个现存的文件，结果如图 5-26 所示。

图 5-26　SaveFileDialog 组件演示程序运行结果

5.5.3　字体对话框

字体对话框(FontDialog)提示用户从本地计算机上安装的字体中选择一种字体,该对话框的常用属性如表 5-44 所示。

表 5-44　FontDialog 对话框的常用属性

属　　性	类　　型	功 能 说 明
Font	Font 类	获取或设置选中的字体
MaxSize	int	获取或设置用户可选择的最大磅值,当磅值为零时,表示字体大小没有限制,默认值为 0
MinSize	int	获取或设置用户可选择的最小磅值,当磅值为零时,表示字体大小没有限制,默认值为 0

FontDialog 对话框最常用的方法就是 ShowDialog()。关于 FontDialog 对话框的用法可参见 5.5.4 小节的示例程序 FontAndColorDialogDemo。

5.5.4　颜色对话框

颜色对话框(ColorDialog)向用户显示可用的颜色,也允许用户自定义颜色,该对话框的常用属性如表 5-45 所示。

表 5-45　ColorDialog 对话框的常用属性

属　　性	类　　型	功 能 说 明
AllowFullOpen	bool	获取或设置一个值,该值指示用户是否可以使用该对话框创建自定义颜色
Color	Color 结构	获取或设置用户选中的颜色
FullOpen	bool	获取或设置一个值,该值指示用于创建自定义颜色的控件在对话框打开时是否可见

ColorDialog 对话框最常用的方法就是 ShowDialog()。

下面设计一个示例程序,演示 FontDialog 和 ColorDialog 对话框的用法。

示例:codes\05\FontAndColorDialogDemo

启动 VS. NET,新建项目类型选择 Visual C#→Windows,模板选择"Windows 窗体应用程序",名称填为 FontAndColorDialogDemo,然后按照如下步骤工作。

(1) 设计程序界面。本程序的界面设计需在窗体上添加 1 个 TextBox 控件、3 个 Button 控件、1 个 FontDialog 对话框和 1 个 ColorDialog 对话框,它们的属性设置如表 5-46 所示。

表 5-46　FontAndColorDialogDemo 演示程序控件的属性设置

类　　型	属　　性	属 性 值
TextBox	Name	tbDemo
	Text	中国 China

续表

类　　型	属　　性	属 性 值
Button	Name	butFont
	Text	字体…
Button	Name	butBackColor
	Text	背颜色…
Button	Name	butForeColor
	Text	前颜色…
FontDialog	Name	fontDialog1
ColorDialog	Name	colorDialog1

（2）编写程序代码。设计完界面，编写如下程序代码。

程序清单：codes\05\FontAndColorDialogDemo\Form1.cs

```
1   namespace FontAndColorDialogDemo
2   {
3       public partial class Form1 : Form
4       {
5           public Form1()
6           {
7               InitializeComponent();
8           }
9           private void butFont_Click(object sender, EventArgs e)
10          {
11              if (this.fontDialog1.ShowDialog() == DialogResult.OK)
12              {
13                  this.tbDemo.Font = this.fontDialog1.Font;
14              }
15          }
16          private void butBackColor_Click(object sender, EventArgs e)
17          {
18              if (this.colorDialog1.ShowDialog() == DialogResult.OK)
19              {
20                  this.tbDemo.BackColor = this.colorDialog1.Color;
21              }
22          }
23          private void butForeColor_Click(object sender, EventArgs e)
24          {
25              if (this.colorDialog1.ShowDialog() == DialogResult.OK)
26              {
27                  this.tbDemo.ForeColor = this.colorDialog1.Color;
28              }
29          }
30      }
31  }
```

代码解释：

① 第 9 行～第 15 行代码定义了 butFont 按钮 Click 事件的处理程序，这段代码用来设置 tbDemo 文本框的字体。第 11 行代码的 if 语句用来判断用户在打开字体对话框后是否单击"确定"按钮，只有用户单击了"确定"按钮，才设置字体属性。

② 第 16 行～第 22 行代码定义了 butBackColor 按钮 Click 事件的处理程序，这段代码用来设置 tbDemo 文本框的背景色。

③ 第 23 行～第 29 行代码定义了 butForeColor 按钮 Click 事件的处理程序，这段代码用来设置 tbDemo 文本框的前景色。

（3）运行程序。下面运行示例程序 FontAndColorDialogDemo，结果如图 5-27 所示。

图 5-27　FontAndColorDialogDemo 演示程序运行结果

单击图 5-27 上的"字体"按钮，打开"字体"对话框，界面如图 5-28 所示。单击图 5-27 上的"背颜色"按钮，打开"颜色"对话框，界面如图 5-29 所示。

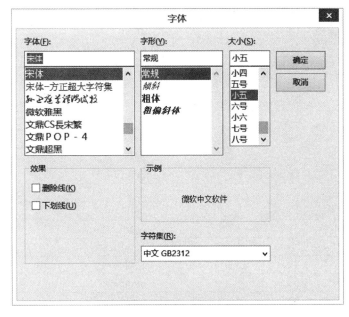

图 5-28　"字体"对话框

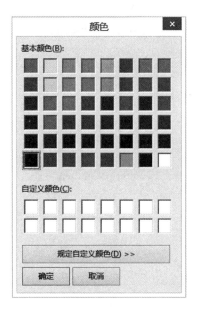

图 5-29　"颜色"对话框

5.6　项　目　实　验

下面开发一个类似于 Windows 附件中记事本的程序，这个程序可以读写无格式的文本文件，也可以读写有格式的 rtf 文件。

示例：codes\05\MyNotepad

启动 VS. NET，新建项目类型选择 Visual C♯→Windows，模板选择"Windows 窗体应用程序"，名称填为 MyNotepad，然后按照如下步骤工作。

（1）设计程序界面。本程序的界面设计包括 4 部分：菜单栏设计、工具栏设计、文本区设计和状态栏设计。下面分别讲解各部分。

① 菜单栏设计。在窗体上添加一个 MenuStrip 控件，然后在其上添加各菜单项，具体设置如表 5-47 和表 5-48 所示。

表 5-47　MyNotepad 应用程序菜单栏设计（一）

类　型	属　性	属　性　值
ToolStripMenuItem	Name	mnuFile
	Text	文件（&F）
ToolStripMenuItem	Name	mnuNew
	Text	新建（&N）
ToolStripMenuItem	Name	mnuOpen
	Text	打开（&O）…
ToolStripMenuItem	Name	mnuSave
	Text	保存（&S）
ToolStripMenuItem	Name	mnuSaveAs
	Text	另存为（&A）…
ToolStripSeparator	Name	mnuSep1
ToolStripMenuItem	Name	mnuExit
	Text	退出（&X）
ToolStripMenuItem	Name	mnuEdit
	Text	编辑（&E）
ToolStripMenuItem	Name	mnuCut
	Text	剪切（&T）
ToolStripMenuItem	Name	mnuCopy
	Text	复制（&C）
ToolStripMenuItem	Name	mnuPaste
	Text	粘贴（&P）
ToolStripSeparator	Name	mnuSep2
ToolStripMenuItem	Name	mnuSelectAll
	Text	全选（&A）
ToolStripMenuItem	Name	mnuNow
	Text	日期/时间（&D）

表 5-48　**MyNotepad 应用程序菜单栏设计（二）**

类　型	属　性	属　性　值
ToolStripMenuItem	Name	mnuFormat
	Text	格式(&O)
ToolStripMenuItem	Name	mnuFont
	Text	字体(&F)...
ToolStripMenuItem	Name	mnuHelp
	Text	帮助(&H)
ToolStripMenuItem	Name	mnuAbout
	Text	关于我的记事本(&A)

②　工具栏设计。在窗体上添加一个 ToolStrip 控件，然后在其上添加各按钮，具体设置如表 5-49 所示。

表 5-49　**MyNotepad 应用程序工具栏设计**

类　型	属　性	属　性　值
ToolStripButton	Name	tsbNew
	Image	new. png
ToolStripButton	Name	tsbOpen
	Image	open. png
ToolStripButton	Name	tsbSave
	Image	save. png
ToolStripSeparator	Name	tss1
ToolStripButton	Name	tsbCut
	Image	cut. png
ToolStripButton	Name	tsbCopy
	Image	copy. png
ToolStripButton	Name	tsbPaste
	Image	paste. png
ToolStripSeparator	Name	tss2
ToolStripButton	Name	tsbFont
	Image	font. png

③　文本区设计。在窗体上添加一个 RichTextBox 控件，这里没有使用 TextBox 控件，是因为 RichTextBox 控件的功能要强于它，其属性设置如表 5-50 所示。

表 5-50　**MyNotepad 应用程序文本区设计**

类　型	属　性	属　性　值
RichTextBox	Name	rtbContent
	Dock	Fill

④　状态栏设计。在窗体上添加 StatusStrip 控件并添加一个 ToolStripStatusLabel 子控件，如表 5-51 所示。

表 5-51　MyNotepad 应用程序文本区设计

类　　型	属　　性	属　性　值
ToolStripStatusLabel	Name	statusLabel1

（2）编写程序代码。设计完界面，编写如下程序代码。

程序清单：codes\05\MyNotepad\Form1. cs

```
1    namespace MyNotepad
2    {
3        public partial class Form1 : Form
4        {
5            private const string AppName = "我的记事本";
6            private string fullName = "";
7            private string shortName;
8            private bool isChanged = false;        //判断文本内容是否发生修改
9            private bool isOpen = false;           //判断当前是否已经打开一个文件
10           public string ShortName                //无路径的文件名
11           {
12               get
13               {
14                   return shortName;
15               }
16               set
17               {   //将全路径的文件名中去掉路径部分
18                   int startIndex = value.LastIndexOf('\\');
19                   shortName = value.Substring(startIndex + 1);
20                   this.Text = shortName + " - " + AppName;        //修改标题栏
21               }
22           }
23           public string FullName                 //全路径的文件名
24           {
25               get
26               {
27                   return fullName;
28               }
29               set
30               {
31                   fullName = value;
32               }
33           }
34           public Form1()
35           {
36               InitializeComponent();
37           }
38           private void Form1_Load(object sender, EventArgs e)
39           {
40               ShortName = "无标题";              //初始化无路径文件名
41           }
42           private void Save(string fileName)
```

```
43            {
44                    int idx = fileName.LastIndexOf('.');
45                    string ext = fileName.Substring(idx + 1, 3).ToLower();
46                    if (ext == "txt")
47                    {
48                        rtbContent.SaveFile(fileName, RichTextBoxStreamType.PlainText);
49                        isChanged = false;
50                    }
51                    else if (ext == "rtf")
52                    {
53                        rtbContent.SaveFile(fileName);
54                        isChanged = false;
55                    }
56                    else
57                    {
58                        MessageBox.Show("由于格式的原因,文件[" + ShortName + "]无法保存",
59                            AppName, MessageBoxButtons.OK, MessageBoxIcon.Warning);
60                    }
61            }
62            private void mnuNew_Click(object sender, EventArgs e)
63            {
64                    if (isChanged)                      //如果内容发生修改
65                    {
66                        if (MessageBox.Show("文件[" + ShortName + "]内容已经发生变化,是否保存?",
67                            AppName, MessageBoxButtons.YesNo, MessageBoxIcon.Question)
68                            == DialogResult.Yes)
69                        {
70                            if (isOpen)                      //如果打开了现存文件
71                            {
72                                Save(FullName);
73                            }
74                            else                      //新文件,调用另存为保存
75                            {
76                                mnuSaveAs_Click(null, null);
77                            }
78                        }
79                    }
80                    rtbContent.Text = "";                 //清空文本区内容
81                    isChanged = false;
82                    ShortName = "无标题";
83                    FullName = "";
84            }
85            private void mnuOpen_Click(object sender, EventArgs e)
86            {
87                    if (isChanged)                         //如果打开的文件内容发生了修改
88                    {
89                        if (MessageBox.Show("文件[" + ShortName + "]内容已经发生变化,是否保存?",
90                            AppName, MessageBoxButtons.YesNo, MessageBoxIcon.Question)
91                            == DialogResult.Yes)
92                        {
93                                Save(FullName);
```

```
94                    }
95               }
96          this.openFileDialog1.FileName = "";
97          if (this.openFileDialog1.ShowDialog() == DialogResult.OK)
98          {
99               ShortName = this.openFileDialog1.FileName;
100              FullName = this.openFileDialog1.FileName;
101              int idx = FullName.LastIndexOf('.');
102              string ext = FullName.Substring(idx + 1, 3).ToLower();
103              if (ext == "txt")              //如果是无格式的文本文件
104              {
105                   rtbContent.LoadFile(FullName,RichTextBoxStreamType.PlainText);
106                   isChanged = false;
107                   isOpen = true;
108              }
109              else if (ext == "rtf")         //如果是有格式的 rtf 文件
110              {
111                   rtbContent.LoadFile(FullName);
112                   isChanged = false;
113                   isOpen = true;
114              }
115              else
116              {
117                   MessageBox.Show("由于格式的原因,文件[" + ShortName + "]打不开",
118                       AppName, MessageBoxButtons.OK, MessageBoxIcon.Warning);
119              }
120         }
121     }
122     private void mnuSave_Click(object sender, EventArgs e)
123     {
124         if (FullName.Length > 0)              //曾经保存过,直接保存即可
125         {
126             Save(FullName);
127         }
128       else                                   //没有保存过,直接调用"另存为"即可
129         {
130             mnuSaveAs_Click(null, null);
131         }
132     }
133     private void mnuSaveAs_Click(object sender, EventArgs e)
134     {
135         this.saveFileDialog1.FileName = FullName;
136         if (saveFileDialog1.ShowDialog() == DialogResult.OK)
137         {
138             ShortName = this.saveFileDialog1.FileName;
139             FullName = this.saveFileDialog1.FileName;
140             Save(FullName);
141         }
142     }
143     private void mnuExit_Click(object sender, EventArgs e)
144     {
```

```
145          if (isChanged)                    //退出前先判断文件内容是否发生了修改
146          {
147              if (MessageBox.Show("文件[" + ShortName + "]内容已经发生变化,是否保存?",
148                  AppName, MessageBoxButtons.YesNo, MessageBoxIcon.Question)
149                  == DialogResult.Yes)
150              {
151                  if (isOpen)
152                  {
153                      Save(FullName);
154                  }
155                  else                        //新文件,调用另存为保存
156                  {
157                      mnuSaveAs_Click(null, null);
158                  }
159              }
160          }
161          this.Close();
162      }
163      private void rtbContent_TextChanged(object sender, EventArgs e)
164      {
165          isChanged = true;                   //文本区内容发生了修改
166      }
167      private void GetCursorPos(int selectionStart, string[] lines, out int row,
                            out int col)
168      {
169          int r = 0;
170          int pos = 0;
171          row = 0;
172          col = 0;
173          for (int i = 0; i < lines.Length; i++)
174          {
175              r++;
176              pos += lines[i].Length;
177              if (selectionStart <= pos)
178              {
179                  row = r;
180                  col = selectionStart - (pos - lines[i].Length) + 1;
181                  break;
182              }
183              pos++;  //加上换行符
184          }
185      }
186      private void rtbContent_SelectionChanged(object sender, EventArgs e)
187      {
188          int row, col;
189          GetCursorPos(rtbContent.SelectionStart, rtbContent.Lines, out row, out col);
190          statusLabel1.Text = "第 " + row + " 行,第 " + col + " 列";
191      }
192      private void mnuCut_Click(object sender, EventArgs e)
193      {
194          rtbContent.Cut();
```

```
195            }
196            private void mnuCopy_Click(object sender, EventArgs e)
197            {
198                rtbContent.Copy();
199            }
200            private void mnuPaste_Click(object sender, EventArgs e)
201            {
202                rtbContent.Paste();
203            }
204            private void mnuSelectAll_Click(object sender, EventArgs e)
205            {
206                rtbContent.SelectAll();
207            }
208            private void mnuNow_Click(object sender, EventArgs e)
209            {
210                string now = System.DateTime.Now.ToString();
211                int pos = rtbContent.SelectionStart;
212                string newText = rtbContent.Text.Insert(pos,now);
213                rtbContent.Text = newText;
214                rtbContent.SelectionStart = pos + now.Length;
215            }
216            private void mnuFont_Click(object sender, EventArgs e)
217            {
218                if (this.fontDialog1.ShowDialog() == DialogResult.OK)
219                {
220                    this.rtbContent.Font = this.fontDialog1.Font;
221                }
222            }
223            private void mnuAbout_Click(object sender, EventArgs e)
224            {
225                MessageBox.Show("我的记事本 v1.0\n\n作者：李继武\n\n版权所有(C) 2010",
226                    AppName, MessageBoxButtons.OK, MessageBoxIcon.Information);
227            }
228            private void tsbNew_Click(object sender, EventArgs e)
229            {
230                mnuNew_Click(null, null);
231            }
232            private void tsbOpen_Click(object sender, EventArgs e)
233            {
234                mnuOpen_Click(null, null);
235            }
236            private void tsbSave_Click(object sender, EventArgs e)
237            {
238                mnuSave_Click(null, null);
239            }
240            private void tsbCut_Click(object sender, EventArgs e)
241            {
242                mnuCut_Click(null, null);
243            }
244            private void tsbCopy_Click(object sender, EventArgs e)
245            {
```

```
246                  mnuCopy_Click(null, null);
247          }
248      private void tsbPaste_Click(object sender, EventArgs e)
249          {
250                  mnuPaste_Click(null, null);
251          }
252      private void tsbFont_Click(object sender, EventArgs e)
253          {
254                  mnuFont_Click(null, null);
255          }
256      }
257 }
```

代码解释：

① 第 42 行～第 61 行代码自定义了 Save 方法，该方法首先根据 fileName 参数获得扩展名，如果扩展名是.txt，将文本区内容保存为无格式的文本文件；如果扩展名是.rtf，将文本区内容保存为有格式的 rtf 文件。

② 第 167 行～第 185 行代码自定义了 GetCursorPos 方法，该方法用于计算当前光标插入点是第几行第几列。算法的基本思路是：根据当前光标插入点的绝对位置（SelectionStart 属性代表了新文本的插入点，从 0 开始）和文本区的行数组（Lines 属性表示文本区的各行文本），计算当前位置是第几行第几列。注意，行和列从 1 开始。

③ 其他代码比较简单，此处不再赘述。

（3）运行程序。下面运行示例程序 MyNotepad，结果如图 5-30 所示。

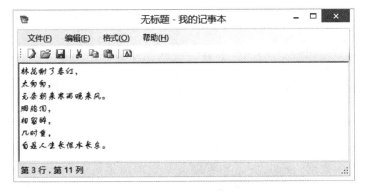

图 5-30　MyNotepad 应用程序运行结果

第6章 C#语言 ADO.NET 程序设计

6.1 SQL Server 2012 基础

SQL Server 2012 是微软公司开发的一个具有客户/服务器体系结构的关系型数据库管理系统(Relational DataBase Management System, RDBMS),它使用 Transact-SQL(微软对 SQL 语言的一个扩展版本,它用于查询、更新和管理数据库系统)在客户机和 SQL Server 服务器之间传递请求和响应。

1. 客户/服务器体系结构

客户程序负责业务逻辑和用户界面显示,它可以在一台或多台客户机上运行,也可以在 SQL Server 2012 服务器上运行。

SQL Server 2012 服务器管理数据库可在多个请求之间分配可用的服务器资源,如内存、网络带宽和磁盘操作等。

该软件功能强大,使用方便,拥有广大的用户群体,经常被用作后台数据库服务器。

2. 关系型数据库管理系统

RDBMS 负责增强数据库的结构,具体包括维护数据库中数据之间的关系;保证数据被正确存放,不违反定义数据之间的关系的规则;在系统发生故障的情况下,恢复所有数据到已知的时间点等。

3. Transact-SQL

SQL Server 2012 使用 Transact-SQL 作为它的数据库查询和编程语言,通过 Transact-SQL 语言,可以访问数据,查询、更新和管理关系数据库系统。Transact-SQL 支持最新的 ANSI SQL 国际标准,并进行了许多扩展来提供更多的功能。

6.1.1 Management Studio 平台的使用

SQL Server 2012 提供了 Management Studio 平台作为开发和管理数据库的工具,下面学习如何通过该平台设计数据库,设计表,实现表间关系以及添加样例数据。

1. 设计数据库

下面设计一个样例数据库 School。设计数据库时要考虑数据库的名字,数据库中数据文件和日志文件的文件名、位置、初始大小和增长方式。其中,日志文件的初始大小通常约为数据文件大小的 1/3,文件增长方式为自动增长。具体设置如表 6-1 所示。

表 6-1 School 数据库参数设置

参 数		设 置
数据库	名称	School
数据文件	文件名	School_Data
	位置	C:\Program Files\Microsoft SQL Server\ MSSQL11. MSSQLSERVER\MSSQL\DATA\school. mdf
	初始大小	5MB
	增长方式	自动增长,增量为 1MB,不限制增长
事务日志	文件名	School_Log
	位置	C:\Program Files\Microsoft SQL Server\ MSSQL11. MSSQLSERVER\MSSQL\DATA\school_log. ldf
	初始大小	2MB
	增长方式	自动增长,增量为 10%,不限制增长

数据库设计按照如下步骤进行。

(1) 启动 Microsoft SQL Server Management Studio 管理平台。选择"开始"→"程序"→ Microsoft SQL Server 2012→SQL Server Management Studio 选项,打开如图 6-1 所示的界面。Management Studio 平台左侧是"对象资源管理器"。

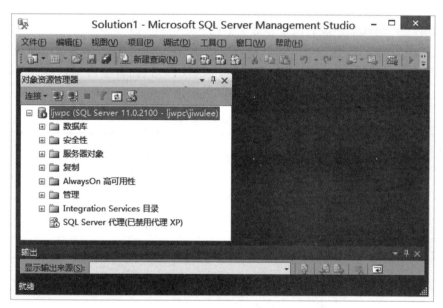

图 6-1 Microsoft SQL Server Management Studio 界面

(2) 创建 School 数据库。选中"对象资源管理器"中的"数据库"选项,右击,从弹出的快捷菜单中选择"新建数据库"命令,打开"新建数据库"对话框,选择"选择页"下的"常规"选项,在"数据库名称"文本框中输入 School,其他参数保持默认,最后单击"确定"按钮。School 数据库创建成功后的界面如图 6-2 所示。

2. 设计表

School 数据库用来管理学生的基本情况和学习成绩,它包含 3 个表:Student 表、

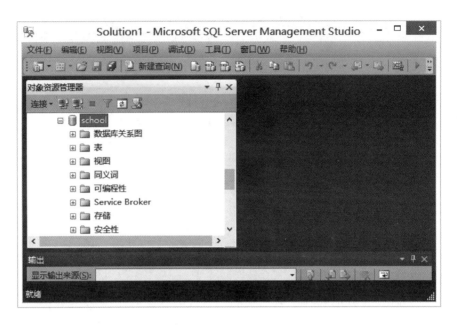

图 6-2　创建 School 数据库

Course 表和 SC 表。设计上述 3 个表的具体步骤如下。

（1）设计 Student 表。该表用于存储学生的基本信息。

选择"对象资源管理器"→"数据库"→School→"表"选项，右击，从弹出的快捷菜单中选择"新建表"命令，打开表设计器，设计 Student 表，设计完成后，单击工具栏上的"保存"按钮，输入表名称 Student，单击"确定"按钮。Student 表的结构如表 6-2 所示。

表 6-2　Student 表结构

列　　名	数据类型	允许 Null 值	说　　明
sno	varchar(4)	否	学号
sname	varchar(10)	是	姓名
gender	varchar(2)	是	性别
age	int	是	年龄
dept	varchar(50)	是	系别

（2）设计 Course 表。该表用于存储学校开设的课程信息。Course 表的结构如表 6-3 所示。

表 6-3　Course 表结构

列　　名	数据类型	允许 Null 值	说　　明
cno	varchar(4)	否	课程号
cname	varchar(50)	是	课程名
credit	int	是	学分
hours	int	是	学时

（3）设计 SC 表。该表是 Student 表和 Course 表的关联表。换句话说,它存储着这两个表的关系。SC 表的结构如表 6-4 所示。

表 6-4　SC 表结构

列　名	数据类型	允许 Null 值	说　明
sno	varchar(4)	否	学号
cno	varchar(4)	否	课程号
score	int	是	成绩

3. 实现表间关系

数据库表之间通常有一种"一对多"的关系。其中"一"方的表称为主表,"多"方的表称为从表。为确保数据的完整性和一致性,通常在主表上建立主键,再从表上建立外键。这样当修改主表记录时,从表就会级联修改相应的记录。SQL Server 实现表间关系可以按照如下步骤进行。

（1）打开"添加表"对话框。选择 School 数据库下的"数据库关系图"选项,右击,从弹出的快捷菜单中选择"新建数据库关系图"命令,打开"添加表"对话框,界面如图 6-3 所示。

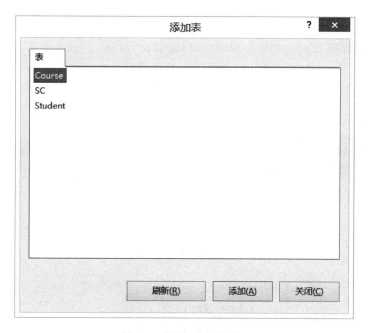

图 6-3　"添加表"对话框

（2）建立 Student 表和 SC 表之间的关系。将 Course、SC 和 Student 三个表一起选中,单击"添加"按钮,然后将"添加表"对话框关闭,这样在关系图设计器上就出现了上述三个表的结构。下面开始建立 Student 表和 SC 表之间的关系。

用左键按住 Student 表的 sno 列,拖动到 SC 表的 sno 列上松手,将打开创建二者关系的"表和列"对话框,界面如图 6-4 所示。

单击"确定"按钮后出现"外键关系"对话框,其中的"INSERT 和 UPDATE 规范"选项

图 6-4　创建 Student 表和 SC 表之间关系

需要修改："更新规则"选项和"删除规则"选项设置为"级联"。这样便在 SC 表上创建了一个外键，从而确保了 Student 表和 SC 表之间的级联关系。它可以确保当更新或删除主表的记录时，从表级联动作。"外键关系"对话框如图 6-5 所示。

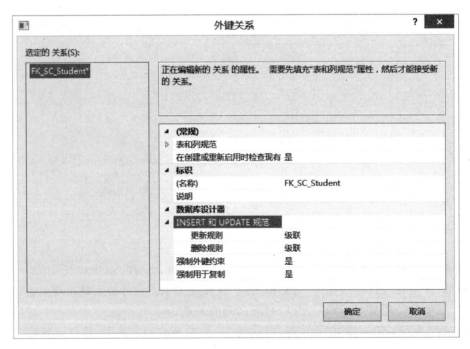

图 6-5　"外键关系"对话框

（3）建立 Course 表和 SC 表之间的关系。仿照建立 Student 表和 SC 表之间关系的过程，建立 Course 表和 SC 表之间的关系（注意，这两个表均使用 cno 列建立关系），最后保存当前关系图。

4. 添加样例数据

Student 表、Course 表和 SC 表的样例数据如表 6-5～表 6-7 所示。

表 6-5　Student 表的样例数据

sno	sname	gender	age	dept
s001	赵云飞	男	20	计算机工程系
s002	钱宜君	女	19	数学系
s003	孙雪莹	女	20	计算机工程系

表 6-6　Course 表的样例数据

cno	cname	credit	hours
c001	计算机网络	3	60
c002	高等数学	4	80
c003	英语	6	120

表 6-7　SC 表的样例数据

sno	cno	score
s001	c001	94
s001	c002	85
s001	c003	78
s002	c001	71
s002	c002	54
s002	c003	80
s003	c001	93
s003	c002	58
s003	c003	72

6.1.2　SQL 语言基础

客户机程序同 SQL Server 2012 服务器之间的沟通通过 SQL（Structured Query Language，结构化查询语言）语言来完成，它主要包括 3 类语句：DDL（Data Definition Language，数据定义语言）、DML（Data Manipulation Language，数据操纵语言）和 DCL（Data Control Language，数据控制语言）。

1. 通过 DDL 语句创建数据库对象

下面讲解通过 DDL 语句创建表、视图和存储过程。

（1）创建表

利用 SQL 语句创建表的基本语法格式及样例代码如下。

语法格式：

```
CREATE TABLEtable_name
(
    column_namedata_type NULL | NOT NULL,
    ...
    CONSTRAINTconstraint_name PRIMARY KEY(key_column)
)
```

样例代码：

```
CREATE TABLE Student
(
    sno varchar(4) NOT NULL,
    sname varchar(10) NULL,
    gender varchar(2) NULL,
    age int NULL,
    dept varchar(50) NULL,
    constraint PK_SNO primary key(sno)
)
```

（2）创建视图

视图为用户在没有操作基表的权限下操作数据提供了手段。利用 SQL 语句创建视图的基本语法格式及样例代码如下。

语法格式：

```
CREATE VIEW   view_name
AS
select_statement
```

样例代码：

创建一个可查看学生的学号、姓名、课程名称和成绩的视图。

```
CREATE VIEW StuInfo
AS
SELECT Student. sno, Student. sname, Course. cname, SC. score
FROM Student, Course, SC
WHERE Student. sno = SC. sno and Course. cno = SC. cno
```

单击工具栏上的"新建查询"按钮，打开一个"查询"窗口，创建上述视图，结果如图 6-6 所示。

（3）创建存储过程

存储过程是开发人员实现应用程序逻辑的重要手段。对于程序员来说，一定要掌握创建存储过程的方法，因为在开发数据库程序中会经常使用。它的基本语法格式及样例代码如下。

语法格式：

```
CREATE PROC procedure_name
    [{@parameter data_type} [ = default ] [OUTPUT]] [ ,...n ]
AS sql_statement
```

图 6-6　视图查看结果

样例代码：

创建一个存储过程，用于向 Student 表插入记录。

```
CREATE PROC InsStuProc
    @sno        varchar(4),
    @sname      varchar(10),
    @gender     varchar(2),
    @age        int,
    @dept       varchar(50)
AS
    INSERT INTO Student VALUES(@sno,@sname,@gender,@age,@dept)
```

打开"查询"窗口，创建存储过程 InsStuProc 并运行它，结果如图 6-7 所示。

2. 通过 DML 语句操纵数据库对象

DML 语句主要包括 Insert（插入数据）、Update（更新数据）、Delete（删除数据）和 Select（查询数据）等，其中 Select 尤为重要。

（1）插入数据

INSERT 语句用于向表中插入记录，它的基本语法格式及样例代码如下。

语法格式：

```
INSERT [INTO] table_or_view [(column_list)]VALUES(data_values)
```

样例代码：

向 Course 表中插入一个新记录。

```
INSERT INTO Course VALUES('c004','C＃语言程序设计',2,60)
```

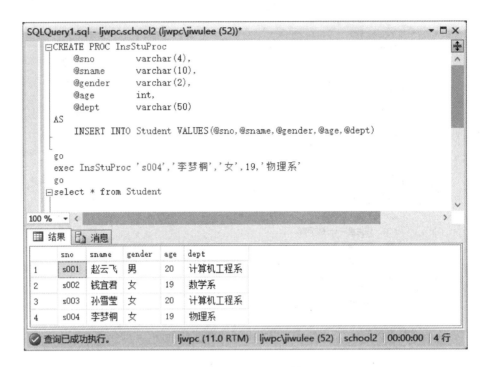

图 6-7　存储过程执行结果

（2）更新数据

UPDATE 语句用于更新表中的现存数据，它的基本语法格式及样例代码如下。

语法格式：

```
UPDATE table_name|view_name SET column_name = expression [,...n] WHERE
search_conditions
```

样例代码：

将 Course 表中 cno 为 c004 记录的 hours 列修改为 80。

```
UPDATE Course SEThours = 80 WHERE cno = 'c004'
```

（3）删除数据

DELETE 语句用于删除表中的现存数据，它的基本语法格式及样例代码如下。

语法格式：

```
DELETE [FROM] table_name | view_name [WHERE search_conditions]
```

样例代码：

删除 Course 表中 cno 为 c004 的记录。

```
DELETE FROM Course WHERE cno = 'c004'
```

（4）查询数据

SELECT 语句是 SQL 语言中最重要的语句，它的使用较灵活，下面详细介绍。

① 简单查询。用于查询指定表的所有行和若干列数据。

语法格式：

```
SELECTcolumn_list FROM table_name|view_name
```

样例代码 1：查询 Student 表中所有行的姓名、性别和系别。

```
SELECTsname,gender,dept FROM Student
```

样例代码 2：查询 Student 表的所有数据。

```
SELECT * FROM Student
```

② 简单条件查询。用于查询指定表的符合某个条件的数据。
语法格式：

```
SELECTcolumn_list FROM table_name|view_name WHERE search_conditions
```

样例代码 1：查询 Student 表中"计算机工程系"所有学生的详细信息。

```
SELECT * FROM Student WHERE dept = '计算机工程系'
```

样例代码 2：查询 Course 表中学时大于 60 的所有课程的详细信息。

```
SELECT * FROM Course WHERE hours > 60
```

③ 复合条件查询。用于查询指定表中符合多个条件的数据。
语法格式：

```
SELECT column_list FROM table_name|view_name
WHERE search_condition1 AND|OR search_condition2
```

样例代码 1：查询 Student 表中"计算机工程系"所有男同学的详细信息。

```
SELECT * FROM Student WHERE dept = '计算机工程系' AND gender = '男'
```

样例代码 2：查询 Student 表中年龄小于 20 岁或女同学的详细信息。

```
SELECT * FROM Student WHERE age < 20 OR gender = '女'
```

④ 多表连接查询。查询的数据来源于多个表，需要将这些表通过公共列连接起来。
语法格式 1：

```
SELECT column_list FROM table_name1,table_name2[,...n]
WHERE connect_conditions
```

样例代码：查询所有学生的学号、姓名、系别、课程名称和成绩。

```
SELECT Student.sno,sname,dept,cname,score FROM Student,SC,Course
WHERE Student.sno = SC.sno and Course.cno = SC.cno
```

语法格式 2：

```
SELECT column_list FROM table_name1 JOIN table_name2 ON connect_conditions[,...n]
```

样例代码：查询所有学生的学号、姓名、系别、课程名称和成绩。

```
SELECT Student.sno,sname,dept,cname,score FROM Student
JOIN SC ON Student.sno = SC.sno JOIN Course ON Course.cno = SC.cno
```

⑤ 嵌套查询。如果查询某表的数据时，查询条件依赖于其他表的数据，这时就可能要用到嵌套查询。

语法格式：

```
SELECT column_list FROM table_name1
WHERE column_name IN (SELECT column_name FROM table_name2
WHERE search_condition )
```

样例代码：查询"计算机工程系"学生的学习成绩。

```
SELECT * FROM SC WHERE sno IN
(SELECT sno FROM Student WHERE dept = '计算机工程系')
```

3. 通过 DCL 语句控制数据库对象

DCL 语句用于控制用户对数据库对象的访问权限，主要包括 GRANT（授权）、DENY（拒绝）、REVOKE（收权）三种语句。

（1）授权语句

GRANT 语句用于向指定的用户或角色授予操作某数据库对象的权限。

语法格式：

```
GRANT permission ON table_name TO security_account
```

样例代码：允许 abc 用户针对 Student 表执行 SELECT、INSERT、UPDATE 和 DELETE 操作。

```
GRANT SELECT, INSERT, UPDATE, DELETE ON Student TO abc
```

（2）拒绝语句

DENY 语句用于禁止指定的用户或角色操做某数据库对象。

语法格式：

```
DENY permission ON table_name TO security_account
```

样例代码：禁止 abc 用户针对 Student 表执行 SELECT、INSERT、UPDATE 和 DELETE 操作。

```
DENY SELECT, INSERT, UPDATE, DELETE ON Student TO abc
```

（3）收权语句

REVOKE 语句用于撤销针对指定用户或角色曾经做出的授权或拒绝操作。

语法格式：

```
REVOKE permission ON table_name FROM security_account
```

样例代码：撤销对 abc 用户针对 Student 表执行 SELECT、INSERT、UPDATE 和 DELETE 操作的授权或禁止命令。

```
REVOKE SELECT, INSERT, UPDATE, DELETE ON Student From abc
```

6.2 ADO.NET 基础

本节主要讲解.NET 框架中的 ADO.NET 组件,这部分知识很重要,建议读者掌握。

6.2.1 ADO.NET 简介

ADO.NET 是.NET 框架中用于数据访问的组件,被微软认为是对早期 ADO 技术的"革命性改进"。它确实是一项非常优秀的数据访问技术,对于使用.NET 框架进行软件开发的程序员来说,是必须掌握的技术之一。

要掌握 ADO.NET,必须熟悉它的对象模型,该模型如图 6-8 所示。

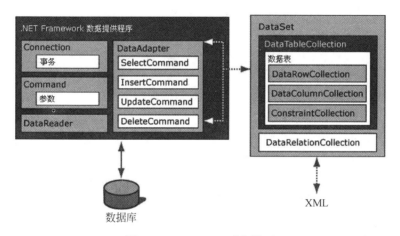

图 6-8 ADO.NET 对象模型

从上述模型可以看出,ADO.NET 包括两部分:数据提供程序和数据集(DataSet),下面分别叙述。

6.2.2 数据提供程序

.NET 框架中的".Net Framework 数据提供程序"组件用于同数据源打交道,换句话说,它是数据源所特有的。它包含 4 个对象:Connection 对象、Command 对象、DataReader 对象和 DataAdapter 对象。上述 4 个对象针对不同的数据源有不同的实现,比如,对于 SQL Server 数据库,它们的具体具体实现是 SqlConnection、SqlCommand、SqlDataReader 和 SqlDataAdapter;对于 Access 数据库,它们的具体实现是 OleDbConnection、OleDbCommand、OleDbDataReader 和 OleDbDataAdapter。

Connection 对象表示与一个数据源的物理连接,它有一个 ConnectionString 属性,用于设置打开数据库的字符串。

Command 对象代表在数据源上执行的 SQL 语句或存储过程,它有一个 CommandText 属性,用于设置针对数据源执行的 SQL 语句或存储过程。

DataReader 对象用于从数据源获取只进的、只读的数据流,它是一种快速的、低开销的对象,它不能用代码直接创建,只能通过 Command 对象的 ExecuteReader 方法来获得。

DataAdapter 对象是". Net Framework 数据提供程序"组件中功能最复杂的对象,它是 Connection 对象和数据集之间的桥梁,它包含 4 个 Command 对象:SelectCommand、UpdateCommand、InsertCommand 和 DeleteCommand。

6.2.3 数据集

数据集(DataSet)是数据库中的表记录在内存中的映像,它包含了表及表间关系。数据集包含两个集合:DataTableCollection(表集合)和 DataRelationCollection(关系集合)。其中,DataTableCollection 集合又包含 3 个子集合,分别是 DataRowCollection(行集合)、DataColumnCollection(列集合)和 ConstraintCollection(约束集合)。

DataColumnCollection 集合定义了构成数据表的列;DataRowCollection 集合包含由 DataColumnCollection 集合定义的实际数据;ConstraintCollection 集合定义了维护数据完整性的约束;DataRelationCollection 集合用于定义表间关系。

6.3 数 据 源

本节讲述如何通过 ADO. NET 从不同的数据源获得数据以及更新数据源数据,也就是讲解". Net Framework 数据提供程序"组件中的几个对象的工作原理及编码过程。此处的数据、数据源、数据库以及同 ADO. NET 的关系可以用个比喻来说明。数据好比是水,数据库就如同水库,而数据源则是连接水库的管道,要想读取或更新数据,就需要通过 ADO. NET 来建立同这个管道的连接。要知道,不同的数据库,连接数据源管道的方式不一样,所以需要学习不同数据库的管道连接方式。

6.3.1 Connection 对象

Connection 对象可以打开不同的数据源,现以 SQL Server 和 Access 为例来讲解该对象。

1. 打开 SQL Server 数据库

先导入 System. Data. SqlClient 命名空间,再针对 SqlConnection 对象编写如下代码。

```
1   SqlConnection cnn = new SqlConnection();
2   cnn. ConnectionString = "Data Source = ljwserver;Initial Catalog = School;uid = abc;
3   pwd = abc";
4   cnn.Open();
```

代码解释:

(1)第 1 行代码创建 SqlConnection 对象,该对象专门用于创建访问 SQL Server 数据库的连接。

(2)第 2 行和第 3 行代码中,cnn 对象的 ConnectionString 属性是 SqlConnection 对象用于设置打开数据库连接的字符串。对于 SQL Server 来说,Data Source 指定数据库服务器名称;Initial Catalog 指定数据库名称;uid 指定账号;pwd 指定密码。

(3)第 4 行代码调用 SqlConnection 对象的 Open()方法打开数据库。

2. 打开 Access 数据库

先导入 System.Data.OleDb 命名空间,再针对 OleDbConnection 对象编写如下代码。

```
1  OleDbConnection cnn = new OleDbConnection();
2  cnn.ConnectionString = "Provider = Microsoft.Jet.OLEDB.4.0;
3  Data Source = C:\\CSharpSamples\\School.mdb";
4  cnn.Open();
```

代码解释:

(1) 第 1 行代码创建 OleDbConnection 对象,该对象是一个通用的连接对象,可以用它打开多种数据源,此处用来创建访问 Access 数据库的连接。

(2) 第 2 行代码中,cnn 对象的 ConnectionString 属性是 OleDbConnection 对象用于设置打开数据库连接的字符串。其中,Provider 指定数据提供者,即数据源类型;Data Source 指定 Access 数据库路径及名称。

(3) 第 4 行代码调用 SqlConnection 对象的 Open()方法打开数据库。

6.3.2　Command 对象

Command 对象用于针对数据源执行 SQL 语句或存储过程,下面分别讲述。

1. 执行 SQL 语句

此处以 SQL Server 数据库为例,下面的代码用来将 Student 表中学号为 s001 的学生的年龄改为 18 岁。

```
1  SqlConnection cnn = new SqlConnection();
2  cnn.ConnectionString = "Data Source = ljwserver;Initial Catalog = School;uid = abc;
3  pwd = abc";
4  cnn.Open();
5  int age = 19;
6  string sno = "s001";
7  string sql = "Update Student Set age = " + age + " Where sno = '" + sno + "'";
8  SqlCommand cmd = new SqlCommand(sql,cnn);
9  cmd.ExecuteNonQuery();
```

代码解释:

(1) 第 7 行建立一个动态的 SQL 语句,这是编程时常用的一种手法。

(2) 第 8 行代码创建 SqlCommand 对象。其中,sql 参数指定针对数据源要执行的是 SQL 语句;cnn 参数为指向已打开数据源的连接对象。

(3) 第 9 行代码调用 SqlCommand 对象的 ExecuteNonQuery()方法。该方法通常用于执行 UPDATE、INSERT 和 DELETE 语句,返回值为该命令所影响的行数。

2. 执行存储过程

此处以 SQL Server 数据库为例,下面的代码调用存储过程 InsStuProc 向 Student 表插入一条新记录。

```
1  SqlConnection cnn = new SqlConnection();
2  cnn.ConnectionString = "Data Source = ljwserver;Initial Catalog = School;uid = abc;
3  pwd = abc";
4  cnn.Open();
```

```
 5  SqlParameter prm;
 6  SqlCommand cmd = new SqlCommand();
 7  cmd.Connection = cnn;
 8  cmd.CommandType = CommandType.StoredProcedure;
 9  cmd.CommandText = "InsStuProc";
10  //学号
11  prm = new SqlParameter();
12  prm.ParameterName = "@sno";
13  prm.SqlDbType = SqlDbType.VarChar;
14  prm.Size = 4;
15  prm.Value = "s005";
16  prm.Direction = ParameterDirection.Input;
17  cmd.Parameters.Add(prm);
18  //姓名
19  prm = new SqlParameter();
20  prm.ParameterName = "@sname";
21  prm.SqlDbType = SqlDbType.VarChar;
22  prm.Size = 10;
23  prm.Value = "周风";
24  prm.Direction = ParameterDirection.Input;
25  cmd.Parameters.Add(prm);
26  //性别
27  prm = new SqlParameter();
28  prm.ParameterName = "@gender";
29  prm.SqlDbType = SqlDbType.VarChar;
30  prm.Size = 2;
31  prm.Value = "男";
32  prm.Direction = ParameterDirection.Input;
33  cmd.Parameters.Add(prm);
34  //年龄
35  prm = new SqlParameter();
36  prm.ParameterName = "@age";
37  prm.SqlDbType = SqlDbType.Int;
38  prm.Value = 20;
39  prm.Direction = ParameterDirection.Input;
40  cmd.Parameters.Add(prm);
41  //系别
42  prm = new SqlParameter();
43  prm.ParameterName = "@dept";
44  prm.SqlDbType = SqlDbType.VarChar;
45  prm.Size = 50;
46  prm.Value = "英语系";
47  prm.Direction = ParameterDirection.Input;
48  cmd.Parameters.Add(prm);
49  //执行存储过程
50  cmd.ExecuteNonQuery();
```

代码解释：

（1）第5行代码创建 SqlParameter 对象，该对象代表存储过程的参数。

（2）第6行代码创建 SqlCommand 对象。

（3）第 7 行代码设置 SqlCommand 对象的 Connection 属性为一个已打开的活动连接对象 cnn。

（4）第 8 行代码设置 SqlCommand 对象的 CommandType 属性为存储过程。

（5）第 9 行代码中，SqlCommand 对象的 CommandText 属性指定存储过程名为 InsStuProc。

（6）第 11 行～第 17 行代码创建"学号"参数。其中，ParameterName 指定参数名称；SqlDbType 指定参数类型；Size 指定参数大小；Value 指定参数值；Direction 指定参数方向，即是输入参数还是输出参数。

（7）第 19 行～第 25 行代码创建"姓名"参数。

（8）第 27 行～第 33 行代码创建"性别"参数。

（9）第 35 行～第 40 行代码创建"年龄"参数。

（10）第 42 行～第 48 行代码创建"系别"参数。

（11）第 50 行代码调用 SqlCommand 对象的 ExecuteNonQuery()方法执行存储过程。

6.3.3　DataReader 对象

DataReader 对象是一个轻量级对象，它可以快速而低开销地获取数据源的数据，只不过该数据是只进只读的。下面的代码将循环显示所有学生的学号和姓名。

```
1    SqlConnection cnn = new SqlConnection();
2    cnn.ConnectionString = "Data Source = ljwserver;Initial Catalog = School;uid = abc;
3    pwd = abc";
4    cnn.Open();
5    string sql = "Select 学号,姓名 from Student";
6    SqlCommand cmd = new SqlCommand(sql,cnn);
7    SqlDataReader dr = cmd.ExecuteReader();
8    while(dr.Read())
9    {
10       MessageBox.Show(dr["学号"].ToString() + " " + dr["姓名"].ToString());
11   }
```

代码解释：

（1）第 5 行代码建立 SQL 语句，用于查询 Student 表中所有学生的学号和姓名。

（2）第 6 行代码创建 SqlCommand 对象。

（3）第 7 行代码创建 SqlDataReader 对象，该对象可以存储数据源数据。

（4）第 8 行代码调用 SqlDataReader 对象的 Read()方法，该方法使 SqlDataReader 前进到下一条记录。

6.3.4　DataAdapter 对象

DataAdapter 对象是一个较重要的对象，同时也很复杂。通过该对象既可以从数据源获得数据，又可以更新数据源的现存数据。

1. 从数据源获得数据

SqlDataAdapter 对象有一个 SelectCommand 属性，它封装一个 SqlCommand，通过调用 SqlDataAdapter 对象的 Fill 方法，可以将数据源的数据传输到客户端，并存储到数据集中。

```
1   SqlConnection cnn = new SqlConnection();
2   cnn.ConnectionString = "Data Source = ljwserver;Initial Catalog = School;uid = abc;
3   pwd = abc";
4   cnn.Open();
5   SqlDataAdapter da = new SqlDataAdapter();
6   SqlCommand cmd = new SqlCommand("Select * From Student",cnn);
7   da.SelectCommand = cmd;
8   DataSet ds = new DataSet();
9   da.Fill(ds,"stu");
```

代码解释：

（1）第 5 行代码创建 SqlDataAdapter 对象。

（2）第 6 行代码创建 SqlCommand 对象，该对象指定了 SQL 语句和活动连接。

（3）第 7 行代码很重要，它设置了 SqlDataAdapter 对象的 SelectCommand 属性。

（4）第 8 行代码创建 DataSet 对象。

（5）第 9 行代码调用 SqlDataAdapter 对象的 Fill()方法从数据源读取数据并将其填充到数据集中。Stu 是数据集中的表的名称。关于数据集的更多内容请参见 6.2.3 节。

2. 更新数据源数据

更新数据源数据主要包括将客户端数据插入到数据源、修改数据源的现存数据和删除数据源的现存数据。

（1）将客户端数据插入到数据源

例如，将一个学生的信息插入到 Student 表中，编写如下代码。

```
1   SqlConnection cnn = new SqlConnection();
2   cnn.ConnectionString = "Data Source = ljwserver;Initial Catalog = School;uid = abc;
3   pwd = abc";
4   cnn.Open();
5   SqlDataAdapter da = new SqlDataAdapter("Select * From Student",cnn);
6   SqlCommandBuilder builder = new SqlCommandBuilder(da);
7   DataSet ds = new DataSet();
8   da.Fill(ds,"Stu");
9   DataRow dr = ds.Tables["Stu"].NewRow();
10  dr["sno"] = "s006";
11  dr["sname"] = "楚天舒";
12  dr["gender"] = "男";
13  dr["age"] = 19;
14  dr["dept"] = "英语系";
15  ds.Tables["Stu"].Rows.Add(dr);
16  da.Update(ds,"stu");
```

代码解释：

① 第 5 行代码创建 SqlDataAdapter 对象。

② 第 6 行代码很重要，它创建了一个 SqlCommandBuilder 对象，该对象实例化时使用 SqlDataAdapter 对象作为参数。如果设置了 SqlDataAdapter 对象的 SelectCommand 属性，则可以创建一个 SqlCommandBuilder 对象来自动生成用于单表更新的 Transact-SQL 语

句,为了生成 INSERT、UPDATE 或 DELETE 语句,SqlCommandBuilder 会自动使用 SelectCommand 属性来检索所需的原数据集。

③ 第 7 行代码创建数据集。

④ 第 8 行代码调用 SqlDataAdapter 对象的 Fill()方法填充数据集。

⑤ 第 9 行代码创建数据集中 Stu 表的新行。

⑥ 第 10 行～第 14 行代码设置新行的各列值。

⑦ 第 15 行将新行添加到数据集的 Stu 表中。

⑧ 第 16 行调用 SqlDataAdapter 对象的 Update()方法更新数据源,就是将新行物理地添加到数据库中。

(2) 修改数据源的现存数据

例如,将学号为 s006 的学生的年龄改为 20 岁,编写如下代码。

```
1   SqlConnection cnn = new SqlConnection();
2   cnn.ConnectionString = "Data Source = ljwserver;Initial Catalog = School;uid = abc;
3   pwd = abc";
4   cnn.Open();
5   SqlDataAdapter da = new SqlDataAdapter("Select * From Student",cnn);
6   SqlCommandBuilder builder = new SqlCommandBuilder(da);
7   DataSet ds = new DataSet();
8   da.Fill(ds,"Stu");
9   DataRow[] drs = ds.Tables["Stu"].Select("sno = 's006'");
10  drs[0]["age"] = 20;
11  da.Update(ds,"stu");
```

代码解释:

① 第 9 行代码调用 DataTable 对象的 Select()方法,该方法返回与筛选条件相匹配的所有 DataRow 对象的数组。

② 第 10 行代码中的 drs[0]表示 DataRow 对象数组中的第一行,因为学号是主键,所以 Select()方法至多返回一行,drs[0]就表示学号为 s006 的那一行记录。

(3) 删除数据源的现存数据

例如,删除 Student 表中学号为 s006 的学生记录,编写如下代码。

```
1   SqlConnection cnn = new SqlConnection();
2   cnn.ConnectionString = "Data Source = ljwserver;Initial Catalog = School;uid = abc;
3   pwd = abc";
4   cnn.Open();
5   SqlDataAdapter da = new SqlDataAdapter("Select * From Student",cnn);
6   SqlCommandBuilder builder = new SqlCommandBuilder(da);
7   DataSet ds = new DataSet();
8   da.Fill(ds,"Stu");
9   DataRow[] drs = ds.Tables["Stu"].Select("sno = 's006'");
10  drs[0].Delete();
11  da.Update(ds,"stu");
```

代码解释:

① 第 10 行代码中的 drs[0]表示学号为 s006 的那一行,DataRow 对象的 Delete()方法

将该行从 Stu 表中删除。

② 第 11 行代码调用 SqlDataAdapter 对象的 Update()方法更新数据源，即将数据库中学号为 s006 的那行记录物理地删除。

6.4　数据集与数据绑定

本节重点讲述如何在数据集中建立表间关系以及数据绑定的工作原理。

6.4.1　在数据集中建立表间关系

数据集用于存储从数据源获得的数据，读者尤其要注意的是，数据集不但可以保存数据，还可以保存表间关系。换句话说，它可以在客户机的内存里创建一个简化的关系型数据库。下面的代码在数据集中建立了 School 数据库的三个表及表间关系。

```
1  SqlConnection cnn = new SqlConnection();
2  cnn.ConnectionString = "Data Source = ljwserver;Initial Catalog = School;uid = abc;
3  pwd = abc";
4  cnn.Open();
5  DataSet dsSchool = new DataSet();
6  SqlDataAdapter daStudent = new SqlDataAdapter("Select * From Student",cnn);
7  SqlCommandBuilder builderStudent = new SqlCommandBuilder(daStudent);
8  daStudent.Fill(dsSchool,"Student");
9  SqlDataAdapter daSC = new SqlDataAdapter("Select * From SC",cnn);
10 SqlCommandBuilder builderSC = new SqlCommandBuilder(daSC);
11 daSC.Fill(dsSchool,"SC");
12 SqlDataAdapter daCourse = new SqlDataAdapter("Select * From Course",cnn);
13 SqlCommandBuilder builderCourse = new SqlCommandBuilder(daCourse);
14 daCourse.Fill(dsSchool,"Course");
15 dsSchool.Relations.Add(dsSchool.Tables["Student"].Columns["sno"],
16    dsSchool.Tables["SC"].Columns["sno"]);
17 dsSchool.Relations.Add(dsSchool.Tables["Course"].Columns["cno"],
18    dsSchool.Tables["SC"].Columns["cno"]);
```

代码解释：

（1）第 5 行代码创建数据集 dsSchool。

（2）第 6 行～第 8 行代码将 School 数据库中的 Student 表数据填充到数据集 dsSchool 中的一个 DataTable 中，该 DataTable 命名为 Student。

（3）第 9 行～第 11 行代码将 School 数据库中的 SC 表数据填充到数据集 dsSchool 中的一个 DataTable 中，该 DataTable 命名为 SC。

（4）第 12 行～第 14 行代码将 School 数据库中的 Course 表数据填充到数据集 dsSchool 中的一个 DataTable 中，该 DataTable 命名为 Course。

（5）第 15 行代码创建一个 DataRelation 对象，并将其添加到 dsSchool 对象的 Relations 集合中。其中 Add()方法的第 1 个参数指定父列（即主表的主键列），第 2 个参数指定子列（即从表的外键列）。上述代码在数据集中建立了 School 数据库的内存映像，要看到实际效果可通过数据绑定机制在 DataGrid 控件上显示出来。

6.4.2　数据绑定

可以将数据集绑定到一个 DataGrid 控件上,这样就有了数据集的一个可视窗口,通过 DataGrid 控件,既可以看到数据集里的数据,也可以直接编辑数据集里的数据,具体绑定代码如下:

```
1  //打开数据库
2  SqlConnection cnn = new SqlConnection();
3  cnn.ConnectionString = "Data Source = ljwserver;Initial Catalog = School;uid = abc;
4  pwd = abc";
5  cnn.Open();
6  //创建数据集
7  DataSet dsSchool = new DataSet();
8  SqlDataAdapter daStudent = new SqlDataAdapter("Select * From Student",cnn);
9  SqlCommandBuilder builderStudent = new SqlCommandBuilder(daStudent);
10 daStudent.Fill(dsSchool,"Student");
11 SqlDataAdapter daSC = new SqlDataAdapter("Select * From SC",cnn);
12 SqlCommandBuilder builderSC = new SqlCommandBuilder(daSC);
13 daSC.Fill(dsSchool,"SC");
14 dsSchool.Relations.Add("本学生各科成绩列表",
15     dsSchool.Tables["Student"].Columns["sno"],
16     dsSchool.Tables["SC"].Columns["sno"]);
17 this.dataGrid1.SetDataBinding(dsSchool,"Student");
```

代码解释:

(1) 第 7 行代码创建数据集对象 dsSchool。

(2) 第 8 行代码创建 SqlDataAdapter 对象,该对象用于将数据源的 Student 表数据填充到数据集。

(3) 第 9 行代码创建 SqlCommandBuilder 对象,该对象用于自动生成更新 Student 表的 SQL 语句。

(4) 第 10 行代码调用 SqlDataAdapter 对象的 Fill()方法将 Student 表数据填充到数据集。

(5) 第 11 行代码创建 SqlDataAdapter 对象,该对象用于将 SC 表数据填充到数据集。

(6) 第 12 行代码创建 SqlCommandBuilder 对象,该对象生成更新 SC 表的 SQL 语句。

(7) 第 13 行代码调用 SqlDataAdapter 对象的 Fill()方法将 SC 表数据填充到数据集。

(8) 第 14 行～第 16 行代码向 dsSchool 中添加一个 DataRelation 对象,用来建立数据集中 Student 表和 SC 表之间的关系。

(9) 第 17 行代码调用 dataGrid1 控件的 SetDataBinding()方法将数据集 dsSchool 中的 Student 表动态绑定到 dataGrid1 控件上。

6.5　项 目 实 验

本节通过设计 School 数据库的一个客户端程序演示 ADO.NET 访问数据库的基本技术,从而使读者能真正地掌握 ADO.NET 技术的核心内容。

示例：codes\06\SchoolClient

启动 VS. NET，新建项目类型选择 Visual C♯→Windows，模板选择"Windows 窗体应用程序"，输入名称为"SchoolClient"，然后按照如下步骤工作。

（1）设计程序界面。本程序的界面设计如图 6-9 所示。

图 6-9　School 数据库客户端程序界面

图 6-9 所示界面上的各控件属性设置如表 6-8 所示。

表 6-8　SchoolClient 程序界面控件属性设置

类　　型	属　　性	属　性　值
Label	Name	label1
	Text	表名：
ComboBox	Name	cmbTables
	DropDownStyle	DropDownList
	Items	Student
		Course
		SC
Button	Name	butSave
	Text	保存修改
Button	Name	butExit
	Text	退出
DataGrid	Name	dataGrid1

（2）编写程序代码。设计完界面，编写如下程序代码。

程序清单：codes\06\SchoolClient\Form1. cs

```
1   using System. Data. SqlClient;
2   namespace SchoolClient
```

```
3    {
4        public partial class Form1 : Form
5        {
6            SqlConnection cnn;
7            DataSet ds;
8            SqlDataAdapter daStudent, daCourse, daSC;
9            SqlCommandBuilder scbStudent, scbCourse, scbSC;
10           //
11           public Form1()
12           {
13               InitializeComponent();
14           }
15           private void Form1_Load(object sender, EventArgs e)
16           {
17           cnn = new SqlConnection("Data Source = localhost;initial catalog = school2;
18                   uid = abc;pwd = abc;");
19           cnn.Open();
20           ds = new DataSet();
21           daStudent = new SqlDataAdapter("Select * From Student",cnn);
22           scbStudent = new SqlCommandBuilder(daStudent);
23           daStudent.Fill(ds,"Student");
24           daSC = new SqlDataAdapter("Select * From SC",cnn);
25           scbSC = new SqlCommandBuilder(daSC);
26           daSC.Fill(ds,"SC");
27           daCourse = new SqlDataAdapter("Select * From Course",cnn);
28           scbCourse = new SqlCommandBuilder(daCourse);
29           daCourse.Fill(ds,"Course");
30           ds.Tables["Student"].ColumnChanged +=
31               new DataColumnChangeEventHandler(ds_ColumnChanged);
32           ds.Tables["SC"].ColumnChanged +=
33               new DataColumnChangeEventHandler(ds_ColumnChanged);
34           ds.Tables["Course"].ColumnChanged +=
35               new DataColumnChangeEventHandler(ds_ColumnChanged);
36           ds.Tables["Student"].RowDeleted +=
37               new DataRowChangeEventHandler(ds_RowDeleted);
38           ds.Tables["SC"].RowDeleted +=
39               new DataRowChangeEventHandler(ds_RowDeleted);
40           ds.Tables["Course"].RowDeleted +=
41               new DataRowChangeEventHandler(ds_RowDeleted);
42               this.cmbTables.Text = "Student";
43           }
44           void ds_RowDeleted(object sender, DataRowChangeEventArgs e)
45           {
46               this.butSave.Enabled = true;
47           }
48           void ds_ColumnChanged(object sender, DataColumnChangeEventArgs e)
49           {
50               this.butSave.Enabled = true;
51           }
52           private void cmbTables_SelectedIndexChanged(object sender, EventArgs e)
53           {
```

183

```
54              this.dataGrid1.SetDataBinding(ds, this.cmbTables.Text);
55          }
56      private void butSave_Click(object sender, EventArgs e)
57      {
58          try
59          {
60              switch(this.cmbTables.Text)
61              {
62                  case "Student":
63                      daStudent.Update(ds,"Student");
64                      break;
65                  case "SC":
66                      daSC.Update(ds,"SC");
67                      break;
68                  case "Course":
69                      daCourse.Update(ds,"Course");
70                      break;
71              }
72              this.butSave.Enabled = false;
73          }
74          catch(System.Data.SqlClient.SqlException ex)
75          {
76              MessageBox.Show(ex.Message);
77          }
78      }
79      private void butExit_Click(object sender, EventArgs e)
80      {
81          this.Close();
82      }
83  }
84 }
```

代码解释：

① 第 15 行～第 43 行代码定义了窗体 Load 事件的处理程序。程序一启动就打开数据库，并将 Student 表中的数据填充到 DataGrid 控件中。

② 第 6 行代码声明了一个 SqlConnection 类型的对象变量 cnn。

③ 第 7 行代码声明了一个 DataSet 类型的对象变量 ds。

④ 第 8 行代码声明了三个 SqlDataAdapter 类型对象变量 daStudent、daCourse 和 daSC。

⑤ 第 9 行代码声明了三个 SqlCommandBuilder 类型的对象变量 scbStudent、scbCourse、和 scbSC。

⑥ 第 17 行代码实例化 SqlConnection 对象。

⑦ 第 19 行代码打开数据库连接。

⑧ 第 20 行代码实例化数据集对象。

⑨ 第 21 行代码实例化操纵 Student 表的 SqlDataAdapter 对象，通过该对象可以更新 Student 表。

⑩ 第 22 行代码实例化操纵 daStudent 对象的 SqlCommandBuilder 对象，该对象帮助

daStudent 对象自动生成更新 Student 表的 SQL 语句。

⑪ 第 23 行代码调用 daStudent 对象的 Fill()方法将 Student 表中的数据填充到数据集 ds 中。

⑫ 第 30 行代码创建数据集中 Student 表的 ColumnChanged 事件处理程序,该事件在用户修改 Student 表的数据列时发生。

⑬ 第 36 行代码创建数据集中 Student 表的 RowDeleted 事件处理程序,该事件在用户删除 Student 表的数据行时发生。

⑭ 第 44 行～第 51 行代码定义了数据集的 RowDeleted 事件和 ColumnChanged 事件的处理程序,用于判断数据是否被修改,前者在数据行被删除时发生,后者在数据列被修改时发生。如果用户删除了数据行或修改了数据列就启用"保存修改"按钮。实际上,该按钮只要有效,就表示数据已经被修改,需要单击此"保存修改"按钮来保存数据。

⑮ 第 52 行～第 55 行代码定义了 cmbTables 控件的 SelectedIndexChange 事件的处理程序。用户选择一个表后,程序将通过 DataGrid 控件显示该表的数据。第 54 行代码调用 DataGrid 控件的 SetDataBinding 方法设置 dataGrid1 控件显示的数据源,该方法的第 1 个参数为数据集对象,第 2 个参数为该数据集中对应的表名称。

⑯ 第 56 行～第 78 行代码定义了 butSave 按钮的 Click 事件的处理程序。用户可以在 DataGrid 控件上执行各种操作,例如,在底部的空白行添加新记录,按 Delete 键删除当前记录,以及编辑任意列内容。但是上述这些操作仅是修改数据集里表的内容,换句话说,只是修改内存中的数据。如果想把操作结果反馈到数据源,则需要编写这段代码。

⑰ 第 60 行代码通过 switch 分支区分用户选择了哪个表。

⑱ 第 63 行代码调用 SqlDataAdapter 对象的 Update()方法更新 Student 表数据;第 66 行代码更新 SC 表数据;第 69 行代码更新 Course 表数据。

(3) 运行程序。下面运行示例程序,结果如图 6-10 所示。

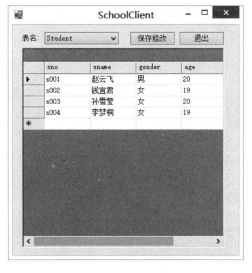

图 6-10　SchoolClient 程序运行界面

第 7 章　C#语言 ASP.NET 程序设计

7.1　Web 应用程序基础

Web 应用程序开发主要包括客户端开发和服务器端开发两部分。客户端开发需要掌握 HTML 标记语言、JavaScript(或 VBScript)脚本语言以及 CSS 等内容。用这些客户端工具开发的网页通过浏览器即可运行,无须经过 Web 服务器解释。这有两大好处,一是减轻了服务器的负担;二是提高了网页的响应速度。但是客户端开发也有一个很大的缺点,就是客户端脚本语言的功能有限,只能完成一些简单的功能。

服务器端开发需要掌握服务器端的编程语言。目前主流的服务器端编程语言是 ASP.NET、JSP 和 PHP,本章重点学习 ASP. NET 编程知识。

7.1.1　HTML 页面

HTML 即超文本置标语言,用于定义 Web 页面的结构以便于浏览器显示。下面通过一个示例程序来了解一下 HTML 知识。

程序清单: codes\07\Comments. htm

```
<html>
    <head>
    <title>一个简单的 HTML 页</title>
    </head>
    <body>
    <center>
        <h1>大家好</h1>
        <i>斜体文本</i>
        <b>粗体文本</b>
        <h3><font color = "blue">请评论本网页: </font></h3>
        <hr>
        <br>
    </center>
    <table border = "1">
        <tr>
            <td>姓名</td>
            <td><input type = "text" name = "Name"></td>
        </tr>
        <tr>
            <td>评论</td>
            <td>
                <textarea name = "Comments" rows = 3 cols = 65 wrap></textarea>
```

```
            </td>
        </tr>
    </table>
    </body>
</html>
```

代码解释：

（1）＜html＞标记是 HTML 网页的最外层标记。

（2）＜head＞标记表示网页头信息，＜title＞标记表示网页标题信息。

（3）＜body＞标记表示网页的主体内容，＜center＞标记表示内容居中。

（4）＜h1＞标记表示一级标题，＜h3＞标记表示三级标题。

（5）＜i＞标记表示斜体，＜b＞标记表示粗体。

（6）＜hr＞标记表示画水平线，＜br＞标记表示回车换行。

（7）＜table＞标记表示创建表格，＜tr＞标记表示表格行，＜td＞＜/td＞标记表示表格列。

（8）＜input type＝"text"＞元素用来创建文本框控件。

（9）＜textarea＞元素用来创建多行文本输入控件。

用浏览器打开网页 Comments.htm，界面如图 7-1 所示。

图 7-1　浏览器显示 Comments.htm 网页

7.1.2　动态 Web 页面

动态 Web 页面有两种实现技术：客户端脚本技术和服务器端脚本技术。关于服务器端技术将在 7.2 节讲解，下面以客户端脚本技术中的 JavaScript 为例来讲解动态网页设计。

程序清单：codes\07\GetDay.htm

```
<html>
```

187

```
< body >
< script language = "javascript">
    var cur = new Date( );
    document.write("今天是");
    switch(cur.getDay( ))
    {
    case 0 :
        document.write("周日,休息了!");
        break;
    case 1 :
        document.write("周一,需要工作!");
        break;
    case 2 :
        document.write("周二,需要工作!");
        break;
    case 3 :
        document.write("周三,需要工作!");
        break;
    case 4 :
        document.write("周四,需要工作!");
        break;
    case 5 :
        document.write("周五,需要工作!");
        break;
    case 6 :
        document.write("周六,休息了!");
        break;
    }
</script >
</body >
</html >
```

代码解释:

（1）＜script language＝"javascript"＞表示当前网页的客户端脚本语言是 JavaScript。

（2）var 用于变量的声明。

（3）Date 对象是 JavaScript 的内置对象。

（4）document 对象是浏览器的内置对象。

（5）getDay( )是 Date 对象的一个方法,它返回今天是星期几,0 代表星期一。

用浏览器打开网页 GetDay.htm,界面如图 7-2 所示。

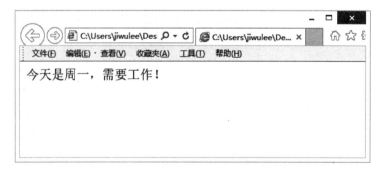

图 7-2　浏览器显示 GetDay.htm 网页

7.2　ASP.NET 简介

　　ASP.NET 是微软提供的 Web 开发平台,它为开发人员提供了生成企业级 Web 应用程序所需要的服务、编程模型和软件基础架构。同其他 Web 开发平台相比,ASP.NET 具有 3 大优势:支持编译型语言、程序代码与页码内容的成功分离和引入服务器端控件。

7.2.1　支持编译型语言

　　目前主流的客户端脚本语言(如 JavaScript、VBScript)有两个主要缺点。第一,不支持强数据类型。在 JavaScript 中定义变量只有一个关键字 var,使用 var 关键字定义的变量,如果赋值是字符串,该变量就是字符串变量;如果赋值是整数,则该变量就是整型变量。在 VBScript 中定义变量只通过一个关键字 DIM,该变量也没有具体的类型。第二,脚本语言是解释型的。通常情况下,解释型的脚本语言在性能上比不上编译型的语言。

　　自推出.NET 开发平台以来,微软在 Web 服务器端开发语言方面,主推 C#.NET 编译型语言。通过这种开发语言,程序员可以像开发普通的 Windows 程序一样来开发 Web 程序。只不过在 Windows 程序中用于开发 GUI 界面的各种控件,在 Web 程序开发中也有它们的相应的 Web 版本。

　　程序员通过 C#语言,利用 VS.NET 提供的各种 Web 控件,可以很容易地开发 ASP.NET Web 程序。开发完的 ASP.NET 程序,其组件被编译成 MSIL 语言,这种中间语言拥有平台无关性,而且 ASP.NET 页面在执行前由于被编译,所以运行性能得到了很大的提高。

7.2.2　程序代码与页面内容的分离

　　通常的动态网页开发,往往是在一个网页上混合使用多种脚本语言,例如,在 HTML 脚本语言上可以嵌入 JavaScript 或 VBScript 等客户端脚本语言,也可以同时嵌入 JSP 等服务器端脚本语言。这种多语言混合的 Web 开发模式通行已久,但是它的代码可读性很差。程序代码同页面内容混合在一起,程序员要在多种语言的思维上频繁切换。如果程序逻辑很复杂的话,这种开发模式非常不利于开发,而且日后的维护也将成为大问题。

　　ASP.NET Web 开发技术为程序员提供了一种非常好的开发模式,即 Code Behind 技术。它通过 Web 控件将程序代码与页面内容成功分离,从而使 ASP.NET 的程序结构非常清晰,开发和维护的效率也得到了很大的提高。Visual Studio.NET 集成开发平台为开发 ASP.NET 应用程序提供了强大的支持。该环境不仅提供了强大的调试能力,还集成了"所见即所得"的 HTML 编辑器,为开发人员开发 Web 页提供了方便的图形化支持。

7.2.3　引入服务器端控件

　　在早期 ASP 开发中,可给页面手动添加 HTML 控件,对这些控件的响应有两种办法:一种是在客户端脚本语言中响应对这些控件的输入;另一种是把该页面提交给服务器。这两种办法都存在问题,第一种办法产生的问题是不同的浏览器以不同的方式执行客户端脚本语言,程序员很难编写在多种浏览器上都能良好运行的复杂的 Web 页面;第二种办法的问题是，如果把 Web 页面重新提交给服务器，那么 Internet 的无状态特性就会导致页面上存储在变量中的信息丢失，除非编写了复杂的代码，把它们存储在 HTML 元素或 URL 查询字符串中。

ASP. NET 通过服务器控件解决了上述问题。服务器端控件会生成发送给浏览器的 HTML 代码显示控件，同时还能生成隐藏的 HTML 元素来存储它们当前的状态。

7.3　创建 ASP.NET 应用程序

ASP. NET Web 程序需要由 Web 服务器解释才能执行。Windows 操作系统提供了一个 Web 服务器，名叫 IIS（Internet Information Services）。不过在开发阶段，通常使用 VS. NET 提供的 ASP. NET Development Server（VS. NET 自带的一个 Web 服务器）更方便。

7.3.1　创建 ASP. NET 应用程序

VS. NET 集成开发平台是微软提供的开发 ASP. NET 程序的首选开发工具。它支持多种开发语言，如 Visual Basic. NET、Visual C♯. NET 等。更重要的是，开发人员在开发 Web 应用程序时，可以充分地利用 VS. NET 提供的强大的程序调试能力，这将极大地帮助开发人员高效方便地开发 Web 程序。另外，可以使用所有的. NET 框架类库也是 ASP. NET 开发平台的一大优势。

示例：创建 ASP. NET 应用程序

本示例让读者初步了解创建 ASP. NET 应用程序的基本步骤，熟悉 VS. NET 开发 Web 应用程序的环境。

（1）新建项目。启动 VS. NET，选择"文件"→"新建"→"项目"命令，打开"新建项目"对话框，模板选择 Visual C#→Web→"ASP. NET 空 Web 应用程序"，输入名称 FirstWebApp，输入位置为 e:\codes\07\FirstWebApp，界面如图 7-3 所示，最后单击"确定"按钮。

图 7-3　新建项目窗口

（2）添加一个 Web 窗体。右击"解决方案资源管理器"→FirstWebApp 按钮，弹出快捷菜单，选择"添加"→"新建项"命令，添加一个 Web 窗体，界面如图 7-4 所示。

图 7-4　添加窗体界面

（3）添加 Label 控件并设置其 Text 属性。拖动工具箱中的 Label 控件至 WebForm1 窗体"源"视图中的＜div＞与＜/div＞之间，然后修改其 Text 属性值为"欢迎大家学习 ASP.NET 程序设计"。

（4）编译并运行程序。按 Ctrl＋F5 键编译并运行程序，浏览器将自动运行 FirstWebApp 程序，程序运行结果如图 7-5 所示。

图 7-5　FirstWebApp 程序运行结果

7.3.2　Web 窗体涉及的物理文件

Web 窗体是 ASP.NET 网页的主容器，设计网页使用的各种 Web 控件最终都要放在 Web 窗体上。一个 Web 窗体对应 3 种物理文件：扩展名为.aspx 的文件、扩展名为.aspx.cs 的文件和扩展名为.aspx.designer.cs 的文件。其中，.aspx 文件是 Web 窗体的网页文件；.aspx.cs 文件是支持 Web 窗体的 C#源码文件；.aspx.designer.cs 文件是支持 Web 窗体的 VS.NET 自动生成的 C#代码文件。

7.3.3 Web窗体涉及的编程窗口

Web窗体编程需要在3个窗口(即设计窗口、HTML代码的"源"窗口和C#代码的后台窗口)之间切换。

下面通过示例程序来观察上述3个窗口。

示例：观察Web窗体的3个窗口

(1) 打开设计窗口。打开FirstWebApp项目，单击Web窗体底部的"设计"按钮，其界面如图7-6所示。

图7-6 Web窗体的"设计"窗口

(2) 打开HTML"源"窗口。打开FirstWebApp项目，单击Web窗体底部的"源"按钮，界面如图7-7所示。

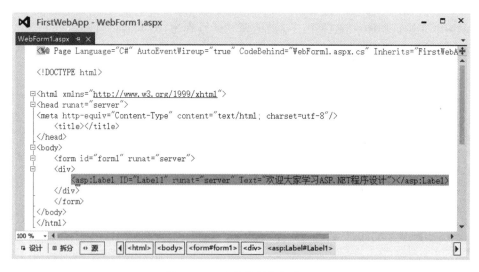

图7-7 Web窗体的"源"窗口

(3) 打开C#后台代码窗口。打开解决方案资源管理器，展开.aspx对应的窗体文件，用鼠标双击扩展名为.cs的文件，打开后台代码窗口，界面如图7-8所示。

从图7-6～图7-8可以看出，通过设计窗口可以"所见即所得"地设计网页外观；通过HTML"源"窗口编辑网页的HTML代码；通过后台代码窗口进行C#编程。通过这3个窗口，开发人员可以方便而高效地进行Web应用程序开发。下面开始学习ASP.NET服务器控件，通过它们可以方便地实现许多常规的网页编成任务。

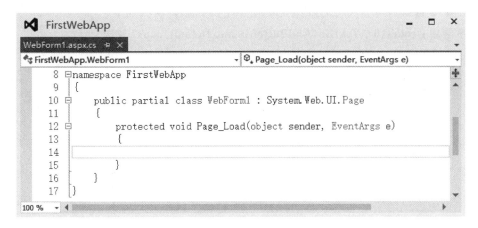

图 7-8　Web 窗体的"后台代码"窗口

7.4　ASP.NET 服务器控件

Web 控件以面向对象的方式封装了设计 Web 应用程序常用的功能,它允许开发人员以类似搭积木的方式开发 Web 应用程序。下面详细介绍常用的 Web 控件的使用方法。

7.4.1　TextBox 控件和 Button 控件

TextBox 控件是 Web 页上用来收集用户信息的主要控件,如收集用户姓名和密码等。Button 控件则是用户用来向服务器执行提交动作的主要控件,单击该控件,客户端将向服务器提交请求。下面通过一个完成加法操作的网页来演示这两个控件的基本用法。

示例:codes\07\TextBoxAndButtonDemo

本示例程序演示 TextBox 控件和 Button 控件的基本用法。

启动 VS.NET,新建一个 Visual C# → Web → "ASP.NET 空 Web 应用程序",输入名称为 TextBoxAndButtonDemo,单击"确定"按钮,按照如下步骤操作。

(1) 设计网页界面。添加 Default.aspx 窗体,在其上添加 2 个 TextBox、1 个 Button 和 1 个 Label 控件,属性设置如表 7-1 所示。

表 7-1　TextBoxAndButtonDemo 项目控件属性设置

类　　型	属　　性	属　性　值
TextBox	Name	tbNum1
TextBox	Name	tbNum2
Button	Name	butSum
	Text	求和
Label	Name	lblResult
	Text	(清空)

（2）编写 HTML 代码。Default.aspx 窗体的 HTML 源码如下。

程序清单：codes\07\TextBoxAndButtonDemo\Default.aspx（节选）

```html
<body>
    <form id="form1" runat="server">
    <div>
        <asp:TextBox ID="tbNum1" runat="server"></asp:TextBox><br /><br />
        <asp:TextBox ID="tbNum2" runat="server"></asp:TextBox><br /><br />
        <asp:Button ID="butSum" runat="server" Text="求和" Width="72px" /><br />
        <asp:Label ID="lblResult" runat="server"></asp:Label>
    </div>
    </form>
</body>
```

网页设计完后，界面如图 7-9 所示。

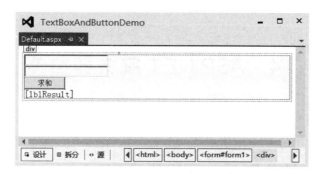

图 7-9 TextBox 和 Button 控件演示程序界面

（3）编写后台工作代码。双击"求和"按钮，VS.NET 将自动生成该按钮 Click 事件的代码框架，然后在其中编写如下代码。

```csharp
private void butSum_Click(object sender, System.EventArgs e)
{
    int ret = int.Parse(this.tbNum1.Text) + int.Parse(this.tbNum2.Text);
    this.lblResult.Text = ret.ToString();
}
```

（4）编译并运行程序。按 Ctrl＋F5 键编译并运行程序，然后在 2 个 TextBox 控件上输入 2 个整数，再单击"求和"按钮，结果将在 Label 控件上显示出来，界面如图 7-10 所示。

图 7-10 TextBox 和 Button 控件演示程序运行结果

7.4.2　LinkButton 控件和 ImageButton 控件

LinkButton 控件和 ImageButton 控件在 Web 窗体上主要用来做超级链接，只不过 LinkButton 控件是文字超链接，ImageButton 控件是图像超链接。

示例：codes\07\LinkButtonAndImageButtonDemo

本示例演示 LinkButton 控件和 ImageButton 控件的基本用法。

启动 VS.NET，新建一个 Visual C♯→Web→"ASP.NET 空 Web 应用程序"，输入名称为 LinkButtonAndImageButtonDemo，单击"确定"按钮，按照如下步骤操作。

（1）设计网页界面。在窗体上添加 1 个 ImageButton 控件和 1 个 LinkButton 控件，属性设置如表 7-2 所示。

表 7-2　**LinkButtonAndImageButtonDemo 项目控件属性设置**

类　　型	属　　性	属　　性　　值
ImageButton	Name	ImageButton1
	ImageUrl	sina.jpg（注意，该图片与网页文件放于同一目录）
LinkButton	Name	LinkButton1
	Text	新浪网-新闻中心

（2）编写 HTML 代码。Default.aspx 窗体的 HTML 源码如下。

程序清单：codes\07\LinkButtonAndImageButtonDemo\Default.aspx（节选）

```
< body >
    < form id = "form1" runat = "server">
    < div >
        < asp:ImageButton ID = "ImageButton1" runat = "server" ImageUrl = "sina.jpg" />
        < br />
        < asp:LinkButton ID = "LinkButton1" runat = "server">新浪网 - 新闻中心
        </asp:LinkButton >
    </div >
    </form >
</body >
```

网页设计完后，界面如图 7-11 所示。

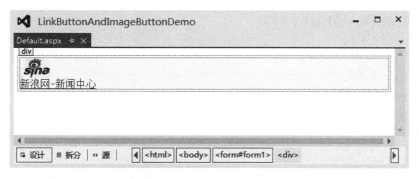

图 7-11　LinkButton 和 ImageButton 控件演示程序界面

（3）编写后台工作代码。双击 LinkButton 控件，产生 Click 事件代码框架，并编写如下代码：

```
protected void ImageButton1_Click(object sender, ImageClickEventArgs e)
{
    Response.Redirect("http://news.sina.com.cn");
}
```

双击 ImageButton 控件，产生 Click 事件代码框架，并编写如下代码：

```
protected void LinkButton1_Click(object sender, EventArgs e)
{
    Response.Redirect("http://news.sina.com.cn");
}
```

（4）编译并运行程序。按 Ctrl＋F5 键编译并运行程序，浏览器将显示该程序的网页，然后单击 ImageButton 超链接或 LinkButton 超链接，网页将导航到新浪网的新闻中心频道，运行结果如图 7-12 所示。

图 7-12　LinkButton 和 ImageButton 控件演示程序运行结果

7.4.3　DropDownList 控件

DropDownList 控件在 Web 窗体上主要用来做下拉列表框，它可以容纳多个条目，而且还节省空间。下面通过一个示例程序演示 DropDownList 控件的用法。

示例：codes\07\DropDownListDemo

本示例演示 DropDownList 控件的基本用法。

启动 VS.NET，新建一个 Visual C#→Web→"ASP.NET 空 Web 应用程序"，输入名称为 DropDownListDemo，单击"确定"按钮，按照如下步骤操作。

（1）设计网页界面。在窗体上添加 2 个 Label 控件和 1 个 DropDownList 控件，其属性设置如表 7-3 所示。

表 7-3　DropDownListDemo 项目控件属性设置

类　　型	属　　性	属　性　值
Label	Name	Label1
	Text	城市列表：
DropDownList	Name	ddlCities
Label	Name	lblCity
	Name	（清空）

（2）编写 HTML 代码。Default.aspx 窗体的 HTML 源码如下。

程序清单：codes\07\DropDownListDemo\Default.aspx（节选）

```
<body>
    <form id = "form1" runat = "server">
    <div>
        <asp:Label ID = "Label1" runat = "server" Text = "城市列表:"></asp:Label><br />
        <asp:DropDownList ID = "ddlCities" runat = "server"
            onselectedindexchanged = "ddlCities_SelectedIndexChanged">
        </asp:DropDownList><br /><br />
        <asp:Label ID = "lblCity" runat = "server"></asp:Label>
    </div>
    </form>
</body>
```

网页设计完后，界面如图 7-13 所示。

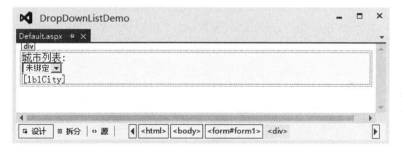

图 7-13　DropDownList 控件演示程序界面

（3）编写后台工作代码。双击 Web 窗体，生成该窗体 Load 事件代码框架（如果没有创建 Load 事件代码框架，可单击"属性"窗口的"事件"按钮手工创建），并编写如下代码。

```
if (!IsPostBack)          //如果页面首次加载(即不是回发)
{
    this.ddlCities.Items.Add("哈尔滨市");
    this.ddlCities.Items.Add("齐齐哈尔市");
    this.ddlCities.Items.Add("牡丹江市");
    this.ddlCities.Items.Add("佳木斯市");
    ddlCities.AutoPostBack = true;
}
```

双击 DropDownList 控件，在 SelectedIndexChanged 事件的代码框架下编写如下代码。

```
protected void ddlCities_SelectedIndexChanged(object sender, EventArgs e)
```

```
    {
        lblCity.Text = "您选择了" + ddlCities.SelectedItem.Text;
    }
```

（4）编译并运行程序。按 Ctrl＋F5 键编译并运行程序，浏览器将显示该程序的网页，然后选择不同城市，网页的运行效果如图 7-14 所示。

图 7-14　DropDownList 控件演示程序运行结果

7.4.4　CheckBox 控件和 RadioButton 控件

CheckBox 控件用于设计网页上的复选框，RadioButton 控件用于设计网页上的单选按钮。

示例：codes\07\CheckBoxAndRadioButtonDemo

本示例演示 CheckBox 控件和 RadioButton 控件的基本用法。

启动 VS.NET，新建一个 Visual C♯→Web→"ASP.NET 空 Web 应用程序"，输入名称为 CheckBoxAndRadioButtonDemo，单击"确定"按钮，按照如下步骤操作。

（1）设计网页界面。在窗体上按表 7-4 添加控件并设置属性。

表 7-4　CheckBoxAndRadioButtonDemo 项目控件属性设置

类　　型	属　　性	属　性　值
Label	Name	Label1
	Text	姓名：
TextBox	Name	tbName
Label	Name	Label2
	Text	性别：
RadioButton	Name	rbMale
	Text	男
RadioButton	Name	rbFemale
	Text	女
Label	Name	Label3
	Text	爱好：
CheckBox	Name	cbSwim
	Text	游泳
CheckBox	Name	cbWeb
	Text	上网

续表

类　型	属　性	属　性　值
CheckBox	Name	cbStreet
	Text	逛街
CheckBox	Name	cbBook
	Text	看书
Button	Name	butPersonalInfo
	Text	个人信息
Label	Name	lblInfo
	Text	(清空)

(2) 编写 HTML 代码。Default. aspx 窗体的 HTML 源码如下。

程序清单：codes\07\CheckBoxAndRadioButtonDemo\Default. aspx(节选)

```
<body>
    <form id = "form1" runat = "server">
    <div>
     <asp:Label ID = "Label1" runat = "server" Text = "姓名:"></asp:Label>
     <asp:TextBox ID = "tbName" runat = "server"></asp:TextBox>
     <br />
     <asp:Label ID = "Label2" runat = "server" Text = "性别:"></asp:Label>
     <asp:RadioButton ID = "rbMale" runat = "server" Text = "男" GroupName = "gender" />
     <asp:RadioButton ID = "rbFemale" runat = "server" Text = "女" GroupName = "gender"/>
     <br />
     <asp:Label ID = "Label3" runat = "server" Text = "爱好:"></asp:Label>
     <asp:CheckBox ID = "cbSwim" runat = "server" Text = "游泳" />
     <asp:CheckBox ID = "cbWeb" runat = "server" Text = "上网" />
     <br />
              
     <asp:CheckBox ID = "cbStreet" runat = "server" Text = "逛街" />
     <asp:CheckBox ID = "cbBook" runat = "server" Text = "看书" />
     <br />
     <asp:Button ID = "butPersonalInfo" runat = "server" Text = "个人信息" />
     <br />
     <asp:Label ID = "lblInfo" runat = "server"></asp:Label>
    </div>
    </form>
</body>
```

网页设计完成后,界面如图 7-15 所示。

图 7-15　CheckBox 和 RadioButton 控件演示程序界面

199

（3）编写后台工作代码。双击"个人信息"按钮，打开单击事件代码框架，并编写如下代码。

```
protected void butPersonalInfo_Click(object sender, EventArgs e)
{
    string name = "", sex = "", favor = "";
    name = this.tbName.Text;
    if (this.rbMale.Checked){
        sex = "男";
    }
    if (this.rbFemale.Checked){
        sex = "女";
    }
    if (this.cbSwim.Checked){
        favor += "游泳 ";
    }
    if (this.cbWeb.Checked){
        favor += "上网 ";
    }
    if (this.cbStreet.Checked){
        favor += "逛街 ";
    }
    if (this.cbBook.Checked) {
        favor += "看书 ";
    }
    this.lblInfo.Text = "姓名：" + name + "<br>性别：" + sex + "<br>爱好：" + favor;
}
```

（4）编译并运行程序。按 Ctrl+F5 键编译并运行程序，浏览器将显示该程序的网页，然后输入姓名，选择性别和爱好，单击"个人信息"按钮，运行结果如图 7-16 所示。

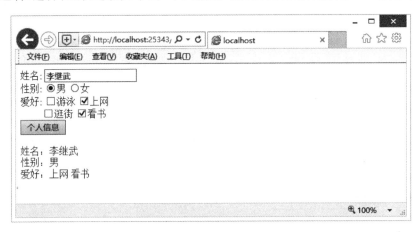

图 7-16　CheckBox 和 RadioButton 控件演示程序运行结果

7.4.5　RequiredFieldValidator 控件

RequiredFieldValidator 控件是 ASP.NET 提供给程序员专门用来对 TextBox 控件进

行验证的控件。在进行网页设计时经常需要对一些 TextBox 控件进行判空操作,如果空就不允许用户进一步操作。RequiredFieldValidator 控件在控制 TextBox 控件不允许空方面节省了程序员很多的时间。另外,RequiredFieldValidator 控件属于客户端验证,它在用户响应方面显然比服务器端验证更有优势。

示例：codes\07\RequiredFieldValidatorDemo

本示例演示 RequiredFieldValidator 控件的基本用法。

启动 VS.NET,新建一个 Visual C#→Web→"ASP.NET 空 Web 应用程序",输入名称为 RequiredFieldValidatorDemo,单击"确定"按钮,按照如下步骤操作。

(1) 设计网页界面。在窗体上添加 2 个 Label、1 个 TextBox、1 个 RequiredFieldValidator和 1 个 Button 控件,它们的属性设置如表 7-5 所示。

表 7-5　RequiredFieldValidator 项目控件属性设置

类　　型	属　　性	属　性　值
Label	Name	Label1
	Text	姓名：
TextBox	Name	tbName
RequiredFieldValidator	Name	rfvName
	ControlToValidate	tbName
	ErrorMessage	姓名不能为空
Button	Name	butShowName
	Text	显示姓名
Label	Name	lblInfo
	Text	(清空)

(2) 编写 HTML 代码。Default.aspx 窗体的 HTML 源码如下。

程序清单：codes\07\RequiredFieldValidatorDemo\Default.aspx(节选)

```
<body>
    <form id = "form1" runat = "server">
    <div>
        <asp:Label ID = "Label1" runat = "server" Text = "姓名："></asp:Label>
        <asp:TextBox ID = "tbName" runat = "server"></asp:TextBox>
        <asp:RequiredFieldValidator ID = "rfvName" runat = "server"
            ControlToValidate = "tbName" ErrorMessage = "姓名不能为空">
        </asp:RequiredFieldValidator>
        <br /><br />
        <asp:Button ID = "butShowName" runat = "server" Text = "显示姓名" />
        <br /><br />
        <asp:Label ID = "lblInfo" runat = "server"></asp:Label>
    </div>
    </form>
</body>
```

网页设计完后,界面如图 7-17 所示。

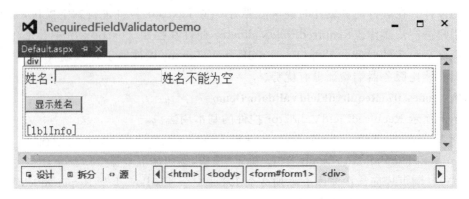

图 7-17 RequiredFieldValidator 控件演示程序界面

（3）编写后台工作代码。双击"显示姓名"按钮，打开单击事件代码框架，并编写如下代码：

```
protected void butShowName_Click(object sender, EventArgs e)
{
    this.lblInfo.Text = this.tbName.Text;
}
```

（4）编译并运行程序。按 Ctrl+F5 键编译并运行程序，不输入姓名而单击"显示姓名"按钮，界面如图 7-18 所示。在输入姓名再单击"显示姓名"按钮后，界面如图 7-19 所示。

图 7-18 RequiredFieldValidator 控件演示程序运行结果(1)

图 7-19 RequiredFieldValidator 控件演示程序运行结果(2)

7.4.6 GridView 控件

GridView 控件与数据源绑定后以网格形式显示数据源的数据，下面演示该控件的使用方法。

示例：codes\07\GridViewDemo

本示例演示 GridView 控件的基本用法。

启动 VS. NET，新建一个 Visual C#→Web→"ASP. NET 空 Web 应用程序"，输入名称为 GridViewDemo，单击"确定"按钮，按照如下步骤操作。

（1）配置数据源。添加一个 Web 窗体，命名为 Default. aspx，在设计状态添加一个 SqlDataSource 控件，单击其右上角的按钮，显示"配置数据源"超链接，其界面如图 7-20 所示。

图 7-20　SqlDataSource 控件上的"配置数据源"超链接

单击"配置数据源"按钮，打开"配置数据源-SqlDataSourcel"对话框，界面如图 7-21 所示。

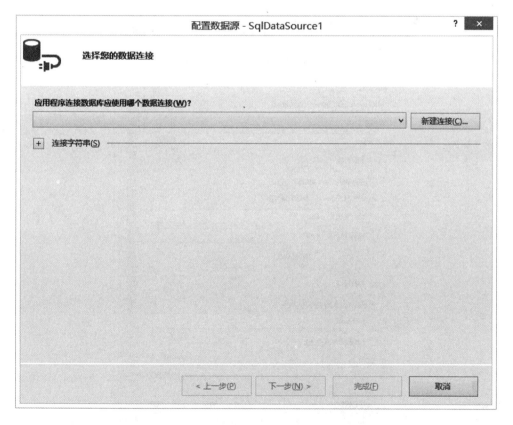

图 7-21　"配置数据源-SqlDataSourcel"对话框

203

单击"新建连接"按钮，打开"选择数据源"对话框，选择 Microsoft SQL Server 选项，界面如图 7-22 所示。

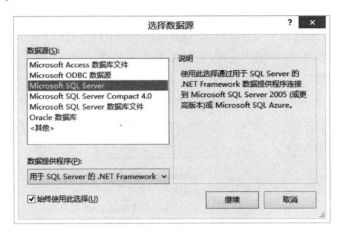

图 7-22 "选择数据源"对话框

单击"继续"按钮，打开"添加连接"对话框，选择本机服务器名，选择"使用 SQL Server 身份验证"选项，输入用户名为 abc，输入密码为 abc，数据库名称选择 school2，其界面如图 7-23 所示。

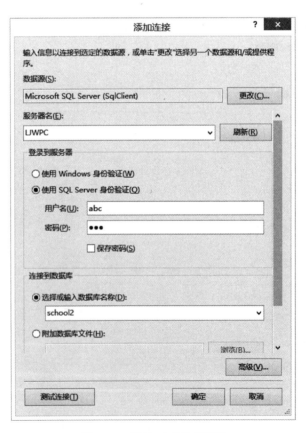

图 7-23 "添加连接"对话框

单击"确定"按钮,展开"连接字符串",界面如图 7-24 所示。

图 7-24　选择数据连接界面

单击"下一步"按钮,将连接字符串保存到应用程序配置文件中,界面如图 7-25 所示。

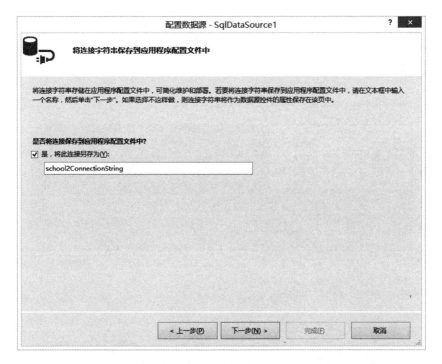

图 7-25　将连接字符串保存到应用程序配置文件

　　单击"下一步"按钮，打开"配置 Select 语句"窗口，其界面如图 7-26 所示。在"名称"中选择 Student 表，在"列"中选中 ∗（表示选择所有列），单击"下一步"按钮，打开"测试查询"窗口，单击"测试查询"按钮，界面如图 7-27 所示。

图 7-26　"配置 Select 语句"界面

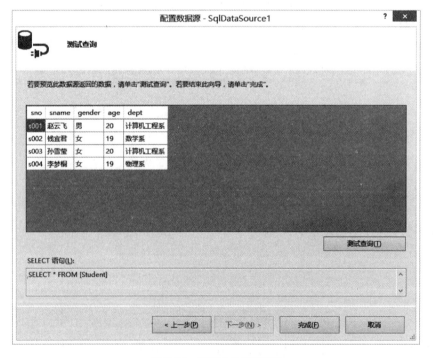

图 7-27　"测试查询"界面

单击"完成"按钮,SqlDataSource 控件的数据源配置完成,自动生成如下代码。

```
<asp:SqlDataSource ID = "SqlDataSource1" runat = "server"
    ConnectionString = "<% $ ConnectionStrings:school2ConnectionString %>"
    SelectCommand = "SELECT * FROM [Student]">
</asp:SqlDataSource>
```

(2) 添加 GridView 控件。在窗体上添加 GridView 控件,配置其数据源为 SqlDataSource1,自动套用格式选择"传统型",界面如图 7-28 所示。

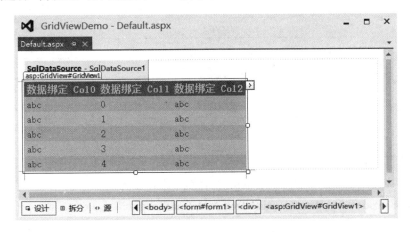

图 7-28　GridView 控件演示程序界面

(3) 编译并运行程序。按 Ctrl+F5 键编译并运行程序,浏览器打开网页,结果如图 7-29 所示。

图 7-29　GridView 控件演示程序运行结果

7.5　ASP.NET 客户端控件

本节将通过一个示例程序演示在 ASP.NET 中如何使用 HTML 控件。

示例：codes\07\HtmlControlsDemo

本示例演示 HTML 控件的基本用法。

启动 VS.NET，新建一个 Visual C♯→Web→"ASP.NET 空 Web 应用程序"，名称填写为 HtmlControlsDemo，单击"确定"按钮，按照如下步骤操作。

（1）设计网页界面。在网页上添加 3 个 Input 控件和 1 个 Div 控件，它们的属性设置如表 7-6 所示。

表 7-6　HtmlControlsDemo 项目属性设置

类　　型	属　　性	属　性　值
Input	id	Text1
	type	text
Input	id	Text2
	type	text
Input	id	Button1
	type	button
	value	求和
Div	id	Result

（2）编写 HTML 代码。Default.aspx 窗体的 HTML 源码如下。

程序清单：codes\07\HtmlControlsDemo\Default.aspx（节选）

```
< body >
    < form id = "form1" runat = "server">
    < div id = "calc">
        < input id = "Text1" type = "text" />< br />
        < input id = "Text2" type = "text" />< br />
        < input id = "Button1" type = "button" onclick = "return Button1_onclick ()"
            value = "求和" />< br />
            < div id = "result"></div >
    </div >
    </form >
</body >
```

网页设计完后，界面如图 7-30 所示。

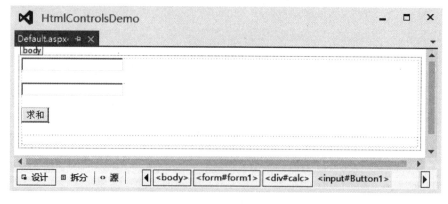

图 7-30　HTML 控件演示程序界面

（3）编写代码。针对"求和"按钮，编写如下 JavaScript 脚本语言代码。

```
1  <script   type = "text/javascript">
2  function Button1_onclick ()
3  {
4      var ret = parseInt(form1.Text1.value) + parseInt(form1.Text2.value)
5      result.innerHTML = form1.Text1.value + " + " + form1.Text2.value + " = " + ret;
6      return true;
7  }
8  </script>
```

代码解释：

① 这段程序属于 javascrip 代码，单击"求和"按钮，将调用 Button1_onclick()方法。

② 第 4 行代码中的 parseInt()方法是 Javascript 内置的方法，用于将字符串转成整数。

（4）编译并运行程序。按 Ctrl＋F5 键编译并运行程序，浏览器将显示该程序的网页，然后输入两个整数，单击"求和"按钮，运行结果如图 7-31 所示。

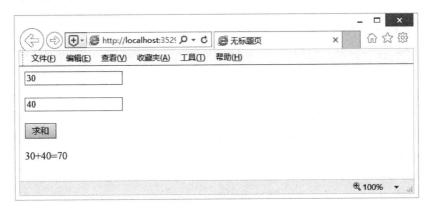

图 7-31　HTML 控件演示程序运行结果

第8章 上市公司财务分析软件的设计与实现

8.1 准 备 工 作

本案例来源于作者的一个研究课题——"财务分析"课程辅助教学专家系统的研究,鉴于篇幅及难度,本章对其做了删减。

本软件可对上市公司的财务报表数据进行分析,并将分析结果绘制成相应的图形进行比较。本章仅介绍其基本框架及基本功能的实现,读者可以通过这些内容体验应用软件的开发过程。下面先介绍有关的财务知识,然后分析软件的功能需求,从而为设计并实现软件做准备。

8.1.1 财务基础知识

本节将介绍财务报表知识和财务分析知识。

1. 财务报表知识

我国的上市公司每个季度都要定期公布财务报告,下面介绍其中最重要的也是财务分析软件涉及的两张报表:资产负债表和利润表。

（1）资产负债表

资产负债表用以表达一个企业在特定时期的财务状况。财务状况指企业的资产、负债、所有者权益及其相互关系。我国企业的资产负债表按照双边式编制,其编制原理遵循"资产＝负债＋所有者权益"这一会计最基本的等式。

下面先看一下资产负债表的样例,如表 8-1 所示。不过需要说明的是,为了降低学习财会基础知识的难度,该样例去掉了一些不常用的科目。

表 8-1 资产负债表

编制单位：×××公司 　　　　　　　　×××年××月××日 　　　　　　　　　　单位：××

资　　产	期末余额	年初余额	负债和股东权益	期末余额	年初余额
流动资产：			**流动负债：**		
货币资金			短期借款		
交易性金融资产			应付票据		
应收票据			应付账款		
应收账款			预收款项		
预付款项			应付职工薪酬		

续表

资　　产	期末余额	年初余额	负债和股东权益	期末余额	年初余额
应收利息			应交税费		
其他应收款			应付利息		
存货			应付股利		
其他流动资产			其他应付款		
流动资产合计			一年内到期的非流动负债		
非流动资产：			其他流动负债		
持有至到期投资			流动负债合计		
长期股权投资			**非流动负债：**		
投资性房地产			长期借款		
固定资产			应付债券		
在建工程			长期应付款		
工程物资			专项应付款		
无形资产			其他非流动负债		
商誉			非流动负债合计		
长期待摊费用			负债合计		
递延所得税资产			**股东权益：**		
非流动资产合计			股本		
			资本公积		
			盈余公积		
			未分配利润		
			所有者权益合计		
资产合计			负债和所有者权益总计		

　　资产负债表左侧是资产,右侧是负债和所有者权益,资产包括流动资产和非流动资产,负债包括流动负债和非流动负债,所有者权益包括归属于母公司所有者的权益和少数股东权益,下面解释这几个概念。

　　流动资产指企业可以在一年或者超过一年的一个营业周期内变现或者运用的资产,是企业资产中必不可少的组成部分,它主要包括货币资金、交易性金融资产、应收票据、应收账款、预付款项、应收利息、其他应收款、存货和其他流动资产等。

　　① 货币资金：指企业在生产经营过程中处于货币形态的那部分资金,它可立即作为支付手段并被普遍接受,因而最具有流动性。

　　② 交易性金融资产：指企业在近期内出售而持有的金融资产。

　　③ 应收票据：指企业因销售商品、产品、提供劳务等而收到的商业汇票,包括商业承兑汇票和银行承兑汇票。

　　④ 应收账款：指企业在生产经营过程中因销售商品或提供劳务而向购货单位或接受劳务单位收取的款项。

　　⑤ 预付款项：指购货单位根据购货合同的规定,预先付给供货单位的货款,预付的货款既可以是部分货款,也可以是全部货款。

　　⑥ 应收利息：指企业因债权投资而应收取的一年内到期收回的利息。

⑦ 其他应收款：指除应收票据、应收账款、预付款项、应收利息等以外的其他各种应收及暂付款项。

⑧ 存货：指企业在日常活动中持有以备出售的产成品或商品、处在生产过程中的在产品、在生产过程或提供劳务过程中耗用的材料、物料等。

非流动资产指流动资产以外的资产，主要包括持有至到期投资、长期股权投资、投资性房地产、固定资产、在建工程、工程物资、无形资产、商誉、长期待摊费用、递延所得税资产等。

① 持有至到期投资：指到期日固定、回收金额固定或可确定，且企业有明确意图和能力持有至到期的非衍生金融资产。

② 长期股权投资：指通过投资取得被投资单位的股份。

③ 投资性房地产：指为赚取租金或资本增值，或两者兼有而持有的房地产。

④ 固定资产：指企业使用期限超过一年的房屋、建筑物、机器、机械、运输工具以及其他与生产、经营有关的设备、器具、工具等。

⑤ 在建工程：指正在建设尚未竣工投入使用的建设项目。

⑥ 工程物资：指用于固定资产建造的建筑材料（如钢材、水泥、玻璃等），企业（民用航空运输）的高价周转件（如飞机的引擎）等。

⑦ 无形资产：指企业拥有或控制的没有实物形态的可辨认非货币性资产，如专利权等。

⑧ 商誉：指企业收益水平与行业平均收益水平差额的资本化价格。

⑨ 长期待摊费用：指企业已经支出，但摊销期限在一年以上（不含一年）的各项费用，包括开办费、租入固定资产的改良支出以及摊销期在一年以上的固定资产大修理支出、股票发行费用等。

⑩ 递延所得税资产：指递延到以后缴纳的税款。

流动负债指企业在一年内或者超过一年的一个营业周期内需要偿还的债务，其中包括短期借款、应付票据、应付账款、预收款项、应付职工薪酬、应交税费、应付利息、应付股利、其他应付款和其他流动负债等。

① 短期借款：指企业向银行或其他金融机构借入的期限在一年以下（含一年）的各种借款。

② 应付票据：指企业因购买材料、商品和接受劳务供应等开出、承兑的商业汇票。

③ 应付账款：指企业因购买材料、商品和接受劳务供应等经营活动应支付的款项。

④ 预收款项：指企业在销售交易成立以前，预先收取的部分货款。

⑤ 应付职工薪酬：指企业根据有关规定应付给职工的各种薪酬。

⑥ 应交税费：指企业按照国家规定对其经营所得依法缴纳的各种税费。

⑦ 应付利息：指企业按照合同约定应支付的利息，包括吸收存款、分期付息到期还本的长期借款、企业债券等应支付的利息。

⑧ 应付股利：指企业经董事会或股东大会等决议确定分配的现金股利或利润。

⑨ 其他应付款：指企业应付、暂收其他单位或个人的款项，如应付租入固定资产和包装物的租金、存入保证金、职工未按期领取的工资等。

⑩ 其他流动负债：指用以归纳债务或应付账款等普通负债项目以外的流动负债。

非流动负债指偿还期在一年以上或者超过一年的一个营业周期以上的负债，主要包括长期借款、应付债券、长期应付款、专项应付款和其他非流动负债等。

① 长期借款：指企业向银行或其他金融机构借入的期限在一年以上（不含一年）或超过一年的一个营业周期以上的各项借款。

② 应付债券：债券是企业依照法定程序发行的约定在一定期限内还本付息的有价证券，应付债券指发行债券的企业在到期时应付钱给持有债券人（包括本钱和利息）。

③ 长期应付款：指除了长期借款和应付债券以外的其他多种长期应付款，主要有应付补偿贸易引进设备款和应付融资租入固定资产租赁费等。

④ 专项应付款：指企业接受国家拨入的具有专门用途的款项所形成的不需要以资产或增加其他负债偿还的负债。

⑤ 其他非流动负债：指除了长期借款、应付债券、长期应付款和专项应付款等科目以外的非流动负债。

股东权益又称净资产，是指企业总资产中扣除负债所余下的部分，它是股本、资本公积、盈余公积和未分配利润之和，它代表了股东对企业的所有权，反映了股东在企业资产中享有的经济利益。

① 股本：指股东在公司中所占的权益，多指股票而言，股票的面值（通常为一元）与股份总数的乘积为股本，它等于公司的注册资本。

② 资本公积：指投资者出资额超出其在注册资本或股本中所占份额的部分。

③ 盈余公积：包括法定盈余公积和任意盈余公积两种，主要用于弥补企业亏损或者转增资本。按照《公司法》规定，上市公司的法定盈余公积按照税后利润的 10% 提取，累计额达注册资本的 50% 时可以不再提取，任意盈余公积是上市公司按照股东大会的决议提取。

④ 未分配利润：指企业未作分配的利润，它在以后年度可继续进行分配，在未进行分配之前，属于所有者权益的组成部分。从数量上来看，未分配利润是期初未分配利润加上本期实现的净利润，减去提取的各种盈余公积和分出的利润后的余额。

（2）利润表

利润表是体现企业在一定会计期间经营成果的报表，它反映了企业在一定会计期间所取得的收入、所发生的成本费用和最终所赚取的利润，它的编制原理遵循"利润＝收入－费用"这一会计等式。先看一下利润表的样例，如表 8-2 所示。

表 8-2　利润表

项　　目	本 期 金 额	上 期 金 额
一、营业收入		
减：营业成本		
营业税金及附加		
销售费用		
管理费用		
财务费用		
资产减值损失		
加：公允价值变动收益		
投资收益		
汇兑收益		

项　　目	本 期 金 额	上 期 金 额
二、营业利润（亏损以"－"填列）		
加：营业外收入		
减：营业外支出		
三、利润总额（亏损以"－"填列）		
减：所得税费用		
四、净利润（亏损以"－"填列）		
五、每股收益		
（一）基本每股收益		
（二）稀释每股收益		

关于表 8-2 中涉及的概念注释如下。

① 营业收入：指企业在从事销售商品、提供劳务和让渡资产使用权等日常经营业务过程中所形成的经济利益的总流入。

② 营业成本：指企业所销售商品或者所提供劳务的成本。

③ 营业税金及附加：指企业经营主要业务应负担的营业税、消费税、城市维护建设税、资源税、土地增值税和教育税附加等。

④ 销售费用：指企业在销售产品、自制半成品和提供劳务等过程中发生的费用，包括由企业负担的包装费、运输费、广告费、装卸费、保险费、销售部门人员工资、职工福利费、差旅费、办公费、折旧费、修理费等。

⑤ 管理费用：指企业行政管理部门为组织和管理生产经营活动而发生的各项费用，主要包括工会经费、职工教育经费、业务招待费、税金、技术转让费、公司经费、上缴上级管理费、劳动保险费、待业保险费、董事会会费以及其他管理费用。

⑥ 财务费用：指企业在生产经营过程中为筹集资金而发生的各项费用，包括企业生产经营期间发生的利息支出（减利息收入）、汇兑净损失、金融机构手续费，以及筹资发生的其他财务费用如债券印刷费等。

⑦ 资产减值损失：指因资产的账面价值高于其可收回金额而造成的损失，主要是固定资产、无形资产以及除特别规定外的其他资产减值的处理。

⑧ 公允价值变动收益：指资产或负债因公允价值变动所形成的收益，所谓公允价值就是指熟悉市场情况的买卖双方在公平交易的条件下和自愿的情况下所确定的价格。

⑨ 投资收益：指对外投资所取得的利润、股利和债券利息等收入减去投资损失后的净收益。

⑩ 汇兑收益：指当企业有外币业务时，由于采用不同货币的汇率核算时产生的、按记账本位币折算的差额。

⑪ 营业利润：指企业在销售商品、提供劳务等日常活动中所产生的利润。具体计算公式如下：

营业利润＝营业收入－营业成本－营业税金及附加－销售费用－管理费用
　　　　　－财务费用－资产净值损失＋公允价值变动收益＋投资收益＋汇兑收益

⑫ 营业外收入：指发生的与其生产经营无直接关系的各项收入的总和，例如固定资产

盘盈、处置固定资产净收益、出售无形资产收益、罚款净收入等。

⑬ 营业外支出：指不属于企业生产经营费用，与企业生产经营活动没有直接的关系，但应从企业实现的利润总额中扣除的支出。

⑭ 利润总额：即人们通常所说的盈利，它的计算公式：利润总额＝营业利润＋营业外收入－营业外支出。

⑮ 所得税费用指企业所得税。

⑯ 净利润：指在利润总额中按规定交纳了所得税后公司的利润留成，一般也称为税后利润或净收入。

⑰ 基本每股收益：指普通股每股税后利润，计算公式：基本每股收益＝净利润/总股本。

⑱ 稀释每股收益：它以基本每股收益为基础，假设企业所有发行在外的稀释性潜在普通股均已转换为普通股，从而分别调整归属于普通股股东的当期净利润以及发行在外普通股的加权平均数计算而得的每股收益，潜在普通股主要包括可转换公司债券、认股权证和股份期权等。

2. 财务分析知识

财务分析知识比较复杂，此处仅从三个角度进行财务分析：盈利能力分析、营运能力分析和偿债能力分析。

1）盈利能力分析

所谓盈利能力就是企业在一定时期赚取利润的能力，盈利能力分析就是通过一定的分析方法，剖析、鉴别、判断企业能够获取利润的能力。盈利能力分析主要包含三个内容：营业盈利能力分析、资产盈利能力分析和资本盈利能力分析。

（1）企业的营业盈利能力是指企业在生产经营过程中获取利润的能力，反映企业营业盈利能力的指标主要有以下几种。

① 营业毛利率：指企业的营业毛利润（营业收入减去营业成本）与营业收入的比值关系，它可以在一定程度上反映企业生产环节效率的高低，计算公式如下。

$$营业毛利率 = \frac{营业收入 - 营业成本}{营业收入} \times 100\%$$

② 营业净利率：指企业的营业净利润与营业收入的比值关系，计算公式如下。

$$营业净利率 = \frac{净利润}{营业收入} \times 100\%$$

③ 成本费用利润率：指企业的利润总额与成本费用总额之间的比值，它是反映企业在经营过程中发生耗费与获得收益之间关系的指标，计算公式如下。

$$成本费用利润率 = \frac{利润总额}{营业成本 + 营业税金及附加 + 销售费用 + 管理费用 + 财务费用} \times 100\%$$

（2）企业在一定时期内占有和耗费的资产越少，获取的利润越大，说明资产的盈利能力越强，经济效益就越好，反映企业资产盈利能力的指标主要有以下几种。

① 总资产利润率：指企业的利润总额与总资产平均额之间的比值，反映了企业综合运用拥有的全部经济资源获得的经济利益，是一个综合性的效益指标，计算公式如下。

$$总资产利润率 = \frac{利润总额}{(年初资产总计 + 期末资产总计)/2} \times 100\%$$

② 总资产净利率：指企业的净利润与总资产平均额之间的比值，反映了企业经营效率和盈利能力的综合指标，计算公式如下。

$$总资产净利率 = \frac{净利润}{(年初资产总计 + 期末资产总计)/2} \times 100\%$$

（3）资本盈利能力是指企业的所有者通过投入资本经营所取得的利润的能力，反映企业资本盈利能力的指标主要是净资产收益率。

净资产收益率：指企业的净利润与净资产平均额之间的比值，它是判断企业资本盈利能力的核心指标，计算公式如下。

$$净资产收益率 = \frac{净利润}{(年初所有者权益合计 + 期末所有者权益合计)/2} \times 100\%$$

2）营运能力分析

企业的营运资产主要指流动资产和固定资产，企业的营运能力主要指企业营运资产的利用能力，它反映了企业的资产管理水平和资产周转情况。营运能力分析主要是通过对反映企业资产营运效率与效益的指标进行计算和分析，从而评价企业的营运能力。营运能力分析主要包含三个内容：流动资产营运能力分析、固定资产营运能力分析和总资产营运能力分析。

（1）企业经营成果的取得，主要依靠流动资产的形态转换，流动资产完成从货币到商品再到货币这一循环过程，表面流动资产周转了一次。反映流动资产周转速度的指标主要有以下几种。

① 流动资产周转率（次数）：指企业在一定时期内完成几次从货币到商品再到货币的循环，计算公式如下。

$$流动资产周转率（次数） = \frac{营业收入}{(年初流动资产合计 + 期末流动资产合计)/2}$$

② 流动资产周转天数：指企业完成一次从流动资产投入到营业收入收回的循环所需要的时间，计算公式如下。

$$流动资产周转天数 = \frac{365}{流动资产周转率}$$

（2）固定资产营运能力分析主要判断企业管理固定资产的能力，其通常运用的指标主要有以下几种。

① 固定资产周转率（次数）：指企业在一定时期内实现的营业收入与固定资产平均余额的比值，计算公式如下。

$$固定资产周转率（次数） = \frac{营业收入}{(年初固定资产 + 期末固定资产)/2}$$

② 固定资产周转天数：计算公式如下。

$$固定资产周转天数 = \frac{365}{固定资产周转率}$$

（3）反映总资产周转速度的指标主要有以下几种。

① 总资产周转率（次数）：指企业在一定时期内完成几次从资产投入到资产收回的循环，计算公式如下。

$$总资产周转率(次数)=\frac{营业收入}{(年初资产总计+期末资产总计)/2}$$

② 总资产周转天数：计算公式如下。

$$总资产周转天数=\frac{365}{总资产周转率}$$

3）偿债能力分析

偿债能力是指企业对到期债务清偿的能力和现金的保证程度，它分为短期偿债能力和长期偿债能力。偿债能力分析包含两个内容：短期偿债能力分析和长期偿债能力分析。

（1）短期偿债能力主要是通过企业流动资产和流动负债的对比得出，主要指标有流动比率和速动比率。

① 流动比率：指流动资产与流动负债的比值，计算公式如下。

$$流动比率=\frac{流动资产合计}{流动负债合计}\times 100\%$$

② 速动比率：指企业的速动资产与流动负债的比值，速动资产指流动资产减去存货，因为存货的变现能力差，计算公式如下。

$$速动比率=\frac{流动资产合计-存货}{流动负债合计}\times 100\%$$

（2）反映企业长期偿债能力的指标主要有如下几种。

① 资产负债率：它是综合反映企业偿债能力的重要指标，通过负债与资产的对比，它反映了企业的总资产中有多少是通过举债获得的，计算公式如下。

$$资产负债率=\frac{负债合计}{资产总计}\times 100\%$$

② 所有者权益比率：指所有者权益同资产总额的比率，它反映企业全部资产中有多少是投资人投资所形成的，计算公式如下。

$$所有者权益比率=\frac{所有者权益合计}{资产总计}\times 100\%$$
$$=1-资产负债率$$

③ 权益乘数：指资产总额同所有者权益的比率，是所有者权益比率的倒数，它同所有者权益比率都是对资产负债率的补充说明，计算公式如下。

$$权益乘数=\frac{资产总计}{所有者权益合计}\times 100\%$$

④ 净资产负债率：指企业的负债总额与所有者权益总额之间的比值，计算公式如下。

$$净资产负债率=\frac{负债合计}{所有者权益合计}\times 100\%$$

8.1.2　软件功能分析

本软件主要包含以下 3 个功能。

1. 查看公司的基本信息

通过软件可查看公司的基本信息。

2. 财务报表的查看功能

通过软件可查看公司的财务报表。

3. 财务报表的分析功能

通过软件可对企业的财务状况进行盈利能力分析、营运能力分析和偿债能力分析，显示分析结果并绘制出相应的图形。

8.1.3 开发环境介绍

本软件开发环境如下。

1. 操作系统平台

Windows7 操作系统。

2. 数据库开发平台

Microsoft SQL Server 2012。

3. 开发工具平台

Visual Studio. NET 2012。

8.2 数据库设计

通过 Microsoft SQL Server Management Studio 工具，设计本软件使用的后台数据库，数据库名称填写为"CFA"，其他参数默认，然后在其中设计资产负债表和利润表。

1. 设计公司表

公司表名称为 corporation，用来存储关于公司的基本信息，各列的设计细节说明如下。

（1）证券代码：char(6)，不允许空，主键列，用于存储上市公司的股票代码。

（2）证券简称：varchar(10)，允许空，用于存储上市公司的股票简称。

（3）公司名称：varchar(50)，允许空，用于存储上市公司的名称。

（4）公司概况：text，允许空，用于存储上市公司的概况。

2. 设计资产负债表

资产负债表名称为 balance，主要用来存储资产负债表中的各科目，此处设计一个复合主键，即由"证券代码""年份"和"类型"这 3 个列来充当主键。关于 balance 表的各列设计细节说明如下。

（1）证券代码：char(6)，不允许空，复合主键，用于存储上市公司的股票代码。

（2）年份：char(4)，不允许空，复合主键，用于存储财务报表描述的年份。

（3）类型：int，不允许空，复合主键，合法值为 1～4，分别代表 1 季报、半年报、3 季报和年报 4 种报表类型。

（4）其余列均为 money 类型，且允许空，共计 47 列，它们包括：货币资金、交易性金融资产、应收票据、应收账款、预付款项、应收利息、其他应收款、存货、其他流动资产、流动资产合计、持有至到期投资、长期股权投资、投资性房地产、固定资产、在建工程、工程物资、无形资产、商誉、长期待摊费用、递延所得税资产、非流动资产合计、资产总计、短期借款、应付票据、应付账款、预收款项、应付职工薪酬、应交税费、应付利息、应付股利、其他应付款、一年内到期的非流动负债、其他流动负债、流动负债合计、长期借款、应付债券、长期应付款、专项应付款、其他非流动负债、非流动负债合计、负债合计、股本、资本公积、盈余公积、未分配利润、所有者权益合计、负债和所有者权益总计。

3. 设计利润表

利润表的名称为 profit，主要用来存储利润表中的各科目，主键也是采用复合主键方式，由"证券代码""年份"和"类型"这 3 个列来充当主键。关于 profit 表的各列设计细节说明如下。

（1）证券代码：char(6)，不允许空，复合主键，用于存储上市公司的股票代码。

（2）年份：char(4)，不允许空，复合主键，用于存储财务报表描述的年份。

（3）类型：int，不允许空，复合主键，合法值为 1～4，分别代表 1 季报、半年报、3 季报和年报 4 种报表类型。

（4）其余列均为 money 类型，且允许空，共计 18 列，它们包括：营业收入、营业成本、营业税金及附加、销售费用、管理费用、财务费用、资产减值损失、公允价值变动收益、投资收益、汇兑收益、营业利润、营业外收入、营业外支出、利润总额、所得税费用、净利润、基本每股收益和稀释每股收益。

4. 添加样例数据

关于样例数据，本软件使用了五粮液股份有限公司和贵州茅台酒股份有限公司公布的 2009 年和 2010 年的真实数据。鉴于数据较多，为了节省篇幅，具体数据读者可参阅示例程序中数据库里的数据。

8.3　软　件　设　计

本软件项目名称为 CFA(Corporation Finance Analysis，公司财务分析)，为了降低学习难度，将整个项目分成 5 步来讲解，每步一个示例程序，其中每个示例程序只讲解一部分代码，随着讲解的深入，项目渐进完成。

8.3.1　主界面设计

下面设计程序的主界面。

示例：codes\08\1\CFA

本示例程序设计 CFA 程序主界面，具体步骤如下。

（1）打开 CFA 项目。启动 VS. NET，打开 codes\08\1 文件夹下的 CFA 项目。

（2）编辑主窗体属性。在 CFA 项目中，frmMain 窗体为主窗体，其属性设置如表 8-3 所示。

表 8-3　frmMain 窗体属性设置

属　　　　性	属　性　值
Name	frmMain
Size	508,342
StartPosition	CenterScreen
Text	CFA 2010

　　窗体的 StartPosition 属性用于设置运行时显示窗体的起始位置，可以手动显示窗体或在 Windows 指定的默认位置显示窗体，也可以将窗体定位到屏幕的中心来显示，或者对于如多文档界面（MDI）子窗体这样的窗体，可以定位到其父窗体的中心来显示。

　　StartPosition 属性是 FormStartPosition 枚举类型，其枚举成员如表 8-4 所示。

表 8-4　FormStartPosition 枚举成员

成 员 名 称	功 能 说 明
Manual	窗体的位置由 Location 属性确定
CenterScreen	窗体在当前显示窗口中居中，其尺寸在窗体大小中指定
WindowsDefaultLocation	窗体定位在 Windows 默认位置，其尺寸在窗体大小中指定
WindowsDefaultBounds	窗体定位在 Windows 默认位置，其边界也由 Windows 默认决定
CenterParent	窗体在其父窗体中居中

　　（3）设计菜单。通过在 frmMain 窗体上添加 MenuStrip 控件，构建了 CFA 的主菜单体系，如表 8-5 所示。

表 8-5　CFA 程序菜单设计

类　　型	属　　性	属　性　值
ToolStripMenuItem	Name	mnuFile
	Text	文件(&F)
ToolStripMenuItem	Name	mnuExit
	Text	退出(&X)
ToolStripMenuItem	Name	mnuReport
	Text	财务报表(&R)
ToolStripMenuItem	Name	mnuBalance
	Text	资产负债表(&B)…
ToolStripMenuItem	Name	mnuProfit
	Text	利润表(&P)…
ToolStripMenuItem	Name	mnuAnalysis
	Text	财务分析(&A)
ToolStripMenuItem	Name	mnuGain
	Text	盈利能力分析(&G)…
ToolStripMenuItem	Name	mnuWorking
	Text	营运能力分析(&W)…
ToolStripMenuItem	Name	mnuRepay
	Text	偿债能力分析(&R)…
ToolStripMenuItem	Name	mnuHelp
	Text	帮助(&H)
ToolStripMenuItem	Name	mnuAbout
	Text	关于(&A)…

　　（4）添加 DataGridView 控件。在 frmMain 窗体上添加一个 DataGridView 控件，其的属性设置如表 8-6 所示。

表 8-6　DataGridView 控件属性设置

属　　性	属　性　值
Name	dgStock
BackgroundColor	White
Dock	Fill
AllowUserToAddRows	False
AllowUserToDeleteRows	False

（5）查看主界面。按 Ctrl＋F5 键编译并运行程序，结果如图 8-1 所示。

图 8-1　CFA 程序主界面

8.3.2　实现"公司信息浏览"功能

要使 CFA 程序启动时自动显示公司的基本信息，需要访问后台的数据库，并通过 frmMain 窗体上的 DataGridView 控件显示公司的基本信息，下面实现这个功能。

示例：**codes\08\2\CFA**

本例实现公司信息的浏览功能，可按照以下步骤进行。

（1）打开 CFA 项目。启动 VS. NET，打开 codes\08\2 文件夹下的 CFA 项目。

（2）编写数据库访问类。CFA 项目添加了一个类文件 Common. cs，在其中编写了 Common 类，该类中的代码用于访问 SQL Server 数据库，具体代码如下。

程序清单：**codes\08\2\Common. cs**

```
1   namespace CFA
2   {
3       class Common
4       {
5           public const string APP_TITLE = "CFA 2010";
6           public static SqlConnection GetSqlConnection()
7           {
```

```
8              try
9              {
10                 SqlConnection cnn = null;
11                 cnn = new SqlConnection("data source = ljwserver;
12                     initial catalog = cfa;uid = cfauser;pwd = 12345678");
13                 cnn.Open();
14                 return cnn;
15             }
16             catch (SqlException ex)
17             {
18                 throw ex;
19             }
20         }
21         public static DataTable GetTable(SqlConnection cnn,string sql)
22         {
23             try
24             {
25                 SqlDataAdapter da = null;
26                 da = new SqlDataAdapter(sql, cnn);
27                 DataTable dt = new DataTable();
28                 da.Fill(dt);
29                 return dt;
30             }
31             catch (SqlException ex)
32             {
33                 throw ex;
34             }
35         }
36     }
37 }
```

代码解释：

① 第 5 行代码定义了常量 APP_TITLE，表示程序的标题。

② 第 6 行～第 20 行代码定义了 GetSqlConnection()方法，该方法用于获得访问 SQL Server 数据库的连接，其中，第 11 行代码通过连接字符串创建了 SqlConnection 对象变量 cnn，第 13 行代码打开连接，第 14 行代码返回连接。

③ 第 21 行～第 35 行代码定义了 GetTable()方法，该方法通过给定的 SqlConnection 对象和 sql 两个参数返回包含查询结果的 DataTable 对象。

（3）编写显示公司信息的代码。程序启动时，主窗体上的 DataGridView 控件显示公司信息，代码如下。

程序清单：codes\08\2\frmMain.cs

```
1  namespace CFA
2  {
3      public partial class frmMain : Form
4      {
5          SqlConnection cnn = null;
6          string stockCode = null;     //股票代码
7          string stockName = null;     //股票简称
```

```
8          public frmMain()
9          {
10             InitializeComponent();
11             this.Text = Common.APP_TITLE;
12             //得到连接
13             cnn = Common.GetSqlConnection();
14             GetCorpInfo();
15         }
16         private void GetCorpInfo()      //读取并显示公司信息
17         {
18             string[] fields = null;
19             string sql = "select * from corporation order by 证券代码 asc";
20             DataTable dt = Common.GetTable(cnn, sql);
21             //设置颜色
22             dgStock.GridColor = Color.LightGray;
23             dgStock.BackgroundColor = Color.White;
24             //设置选择模式
25             dgStock.SelectionMode = DataGridViewSelectionMode.FullRowSelect;
26             dgStock.MultiSelect = false;
27             //设置尺寸调整属性
28             dgStock.AllowUserToResizeRows = false;
29             dgStock.AllowUserToResizeColumns = true;
30             //添加事件处理程序
31             dgStock.Sorted += new EventHandler(dgStock_Sorted);
32             dgStock.RowEnter += new
33                 DataGridViewCellEventHandler(dgStock_RowEnter);
34             //设置边界风格
35             dgStock.CellBorderStyle = DataGridViewCellBorderStyle.Raised;
36             dgStock.RowHeadersBorderStyle = DataGridViewHeaderBorderStyle.Raised;
37             dgStock.ColumnHeadersBorderStyle = DataGridViewHeaderBorderStyle.Raised;
38             //设置行头和列头的可见性
39             dgStock.RowHeadersVisible = false;
40             dgStock.ColumnHeadersVisible = true;
41             //设置列
42             dgStock.Columns.Clear();                        //清空列集合
43             dgStock.Columns.Add("序号", "序号");
44             dgStock.Columns["序号"].Frozen = true;          //禁止列移动
45             dgStock.Columns["序号"].Width = 60;
46             dgStock.Columns.Add("证券代码", "证券代码");
47             dgStock.Columns["证券代码"].Frozen = true;       //禁止列移动
48             dgStock.Columns["证券代码"].Width = 80;
49             dgStock.Columns.Add("证券简称", "证券简称");
50             dgStock.Columns["证券简称"].Frozen = true;       //禁止列移动
51             dgStock.Columns["证券简称"].Width = 80;
52             dgStock.Columns.Add("公司名称", "公司名称");
53             dgStock.Columns["公司名称"].Frozen = false;      //运行列移动
54             dgStock.Columns["公司名称"].Width = 200;
55             dgStock.Columns.Add("公司概况", "公司概况");
56             dgStock.Columns["公司概况"].Frozen = false;      //运行列移动
57             dgStock.Columns["公司概况"].Width = 600;
58             dgStock.Rows.Clear();
```

```
59                  //填充行
60                  for (int i = 0; i < dt.Rows.Count; i++)
61                  {
62                      fields = new string[dt.Columns.Count + 1];
63                      fields[0] = (i + 1).ToString();
64                      for (int j = 0; j < dt.Columns.Count; j++)
65                      {
66                          fields[j + 1] = dt.Rows[i][j].ToString();
67                      }
68                      dgStock.Rows.Add(fields);
69                  }
70              }
71              //当单击不同列排序时,序号列将重新生成
72              void dgStock_Sorted(object sender, EventArgs e)
73              {
74                  for (int i = 0; i < dgStock.Rows.Count; i++)
75                  {
76                      dgStock.Rows[i].Cells["序号"].Value = (i + 1).ToString();
77                  }
78              }
79              //换行时,获得当前行的证券代码和证券简称
80              void dgStock_RowEnter(object sender, DataGridViewCellEventArgs e)
81              {
82          stockCode = dgStock.Rows[e.RowIndex].Cells["证券代码"].Value.ToString();
83          stockName = dgStock.Rows[e.RowIndex].Cells["证券简称"].Value.ToString();
84              }
85      }
86  }
```

代码解释:

① 第 8 行～第 15 行代码为 frmMain 窗体的构造方法,其中,第 11 行代码设置窗体的标题栏内容,第 13 行代码得到访问 SQL Server 数据库的连接对象,第 14 行代码调用 GetCorpInfo 方法显示公司基本信息。

② 第 16 行～第 70 行代码定义 GetCorpInfo() 方法,该方法读取并显示公司的基本信息。

③ 第 20 行代码通过 GetTable() 方法获得存储公司基本信息的 DataTable 对象。

④ 第 31 行代码为 DataGridView 控件的 Sorted 事件添加处理程序 dgStock_Sorted。

⑤ 第 32 行代码为 DataGridView 控件 RowEnter 事件添加处理程序 dgStock_RowEnter。

⑥ 第 43 行～第 57 行代码为 DataGridView 控件添加列,Add() 方法有两个参数,其中第 1 个参数表示 columnName,第 2 个参数表示 headerText。

⑦ 第 60 行～第 69 行代码通过 for 循环将 DataTable 中的数据逐行显示在 DataGridView 控件中,需要注意的是,循环中添加了一个序号列。

⑧ 第 72 行～第 78 行代码定义了 dgStock_Sorted() 方法,该方法是 DataGridView 控件 Sorted 事件的处理程序。当用鼠标单击 DataGridView 控件的列标题时,所有行将根据该列重新排序,此时将触发 Sorted 事件,从而调用 dgStock_Sorted() 方法,该方法中的代码

用于重新生成序号列的序号,以确保序号升序排列。

⑨ 第 80 行～第 84 行代码定义了 dgStock_RowEnter( )方法,该方法是 DataGridView 控件 RowEnter 事件的处理程序。当 DataGridView 控件的某一行接受焦点成为当前行时,将触发 RowEnter 事件,从而调用 dgStock_RowEnter( )方法,该方法中的代码用于获取当前行中的"证券代码"和"证券简称"这两列的内容。

(4) 运行程序。按 Ctrl＋F5 键编译并运行程序,结果如图 8-2 所示。

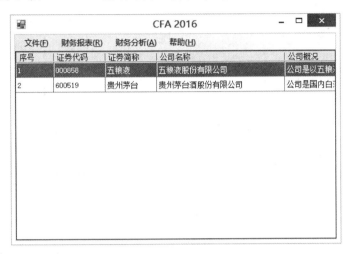

图 8-2　CFA 程序显示公司基本信息

8.3.3　报表界面设计

下面设计报表界面。

示例:codes\08\3\CFA

设计 CFA 程序的报表界面,可按照如下步骤进行。

(1) 打开 CFA 项目。启动 VS. NET,打开 codes\08\3 文件夹下的 CFA 项目。

(2) 添加新窗体并设置其属性。CFA 项目添加了一个新窗体作为报表界面,其属性设置如表 8-7 所示。

表 8-7　报表窗体属性设置

属　　　性	属　性　值
Name	frmReports
Size	508,342
StartPosition	CenterParent
ShowInTaskbar	False

表 8-7 中的 ShowInTaskbar 属性用来确定窗体是否出现在 Windows 任务栏中。

(3) 在新窗体上添加控件。在报表窗体上添加 1 个 SplitContainer 控件、2 个 GroupBox 控件、1 个 ListView 控件和 1 个 Chart 控件,其中 Chart 控件是由 Software FX 公司发布的在 VS. NET 下的一种插件,通过它开发人员可以将复杂图表集成到应用程序中而无须编写大量自定义代码(该插件本书的示例程序已经提供)。需要说明的是,

ListView 控件要放在 groupBox1 控件中，Chart 控件要放在 groupBox2 控件中，其他属性设置如表 8-8 所示。

表 8-8　CFA 程序报表界面的控件属性设置

类　　型	属　　性	属　性　值
SplitContainer	Name	splitContainer1
	Dock	Fill
	Orientation	Horizontal
GroupBox	Name	groupBox1
	Dock	Fill
ListView	Name	listView1
	Dock	Fill
	FullRowSelect	True
	HideSelection	False
	MultiSelect	False
GroupBox	Name	groupBox2
	Dock	Fill
Chart	Name	chart1
	Dock	Fill

（4）查看报表界面。按照表 8-8 设计完界面后，如图 8-3 所示。

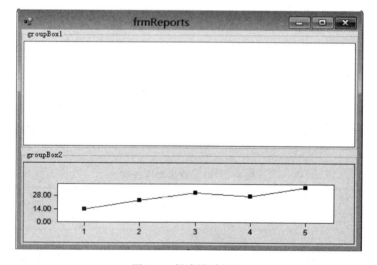

图 8-3　报表设计界面

8.3.4　实现"财务报表查看"功能

设计好财务报表界面后，需要实现财务报表的查看功能，即查看资产负债表和利润表的功能。这需要在两处编程，首先要在主界面的菜单上编写调用报表界面的代码，然后要编写查看财务报表的代码。

示例：codes\08\4\CFA

编写查看财务报表的代码，可按照如下步骤进行。

（1）打开 CFA 项目。启动 VS.NET，打开 codes\08\4 文件夹下的 CFA 项目。

（2）编写一个枚举类型。先编写一个枚举类型，用来确定查看哪种报表以及进行哪种分析。

```
1  public enum ReportType : byte
2  {
3      Balance,      //查看资产负债表
4      Profit        //查看利润表
5  }
```

（3）编写主界面菜单代码。选择主界面菜单中的"财务报表"→"资产负债表"菜单项，将打开报表界面显示资产负债表，选择"财务报表"→"利润表"菜单项，将打开报表界面显示利润表，其代码如下（节选）。

程序清单：codes\08\4\frmMain.cs

```
1   private void mnuBalance_Click(object sender, EventArgs e)
2   {
3       frmReports frm = new frmReports(cnn, stockCode, stockName,
4           ReportType.Balance);
5       frm.ShowDialog();
6   }
7   private void mnuProfit_Click(object sender, EventArgs e)
8   {
9       frmReports frm = new frmReports(cnn, stockCode, stockName,
10        ReportType.Profit);
11      frm.ShowDialog();
12  }
```

代码解释：

① 第 4 行代码中的 ReportType.Balance 常量表示资产负债表。

② 第 5 行代码中的 ShowDialog 方法表示以模态方式显示窗体。

③ 第 10 行代码中的 ReportType.Profit 常量表示利润表。

（4）编写报表窗体的构造方法。当报表窗体打开时，就已经知道该显示哪个报表或进行哪种报表分析了，具体代码如下（节选）。

程序清单：codes\08\4\frmReports.cs

```
1   public partial class frmReports : Form
2   {
3       SqlConnection cnn = null;
4       public frmReports(SqlConnection cn, string code, string name, ReportType reportType)
5       {
6           InitializeComponent();
7           //得到数据库连接
8           cnn = cn;
9           int year = 2010;
```

```
10              InitData(code, name, year, reportType);
11      }
12      //初始化数据
13      private void InitData(string code, string name, int year, ReportType reportType)
14      {
15          switch (reportType)
16          {
17              case ReportType.Balance:        //打开资产负债表
18                  GetBalance(code, year, listView1);
19                  groupBox1.Text = "资产负债表";
20                  break;
21              case ReportType.Profit:         //打开利润表
22                  GetProfit(code, year, listView1);
23                  groupBox1.Text = "利润表";
24                  break;
25              case ReportType.Gain:           //进行盈利能力分析
26                  GainAnalysis(code, year, listView1);
27                  groupBox1.Text = "盈利能力分析";
28                  break;
29              case ReportType.Working:        //进行营运能力分析
30                  WorkingAnalysis(code, year, listView1);
31                  groupBox1.Text = "营运能力分析";
32                  break;
33              case ReportType.Repay:          //进行偿债能力分析
34                  RepayAnalysis(code, year, listView1);
35                  groupBox1.Text = "偿债能力分析";
36                  break;
37          }
38          this.Text = name + "(" + code + ")";
39      }
40      ...
41 }
```

代码解释：

① 第4行～第11行代码定义了报表窗体的构造方法，注意，添加了参数，第10行代码调用了自定义的 InitData()方法来初始化数据。

② 第13行～第39行代码定义 InitData()方法，该方法主要通过分支操作来区分用户究竟要干什么，需要注意的是，打开资产负债表调用 GetBalance()方法，打开利润表调用 GetProfit()方法，进行赢利能力分析调用 GainAnalysis()方法，进行营运能力分析调用 WorkingAnalysis()方法，进行偿债能力分析调用 RepayAnalysis()方法。

（5）编写打开资产负债表的 GetBalance()方法。GetBalance()方法及其要用到的方法的代码如下（节选）。

程序清单：codes\08\4\frmReports.cs

```
1   public partial class frmReports : Form
2   {
3       ...
4       //读取资产负债表
5       public void GetBalance(string code, int year, ListView lv)
```

```
6        {
7            try
8            {
9                string colName = "";
10               string sql = "select * from balance where 证券代码 = '" + code +
11                            "' and 年份 = '" + year + "' order by 类型 asc";
12               DataTable dt = Common.GetTable(cnn, sql);
13               //绘制列标题
14               DrawHeader(dt, lv, 180, 150);
15               lv.Items.Clear();
16               lv.Groups.Clear();
17               ListViewItem lvi = null;
18               ListViewItem.ListViewSubItem lvsi = null;
19               ListViewGroup[] lvg = new ListViewGroup[5];
20               lvg[0] = new ListViewGroup("流动资产");
21               lvg[1] = new ListViewGroup("非流动资产");
22               lvg[2] = new ListViewGroup("流动负债");
23               lvg[3] = new ListViewGroup("非流动负债");
24               lvg[4] = new ListViewGroup("股东权益");
25               lv.Groups.AddRange(lvg);
26               int count = 0;
27               for (int i = 0; i < dt.Columns.Count; i++)
28               {
29                   if (dt.Columns[i].ColumnName.Equals("证券代码")
30                       || dt.Columns[i].ColumnName.Equals("年份")
31                       || dt.Columns[i].ColumnName.Equals("类型"))
32                       continue;
33                   colName = dt.Columns[i].ColumnName;
34                   lvi = new ListViewItem(colName);
35                   for (int j = 0; j < dt.Rows.Count; j++)
36                   {
37                       lvsi = new ListViewItem.ListViewSubItem();
38                       lvsi.Text =
39                       (Double.Parse(dt.Rows[j][colName].ToString()).ToString("N"));
40                       lvi.SubItems.Add(lvsi);
41                       lvi.Group = lvg[count];
42                   }
43                   lv.Items.Add(lvi);
44                   if (colName.Equals("流动资产合计")
45                       || colName.Equals("资产总计")
46                       || colName.Equals("流动负债合计")
47                       || (colName.Equals("负债合计")))
48                   {
49                       count++;
50                   }
51               }
52               lv.Items[0].Selected = true;
53               lv.Items[0].Focused = true;
54           }
55           catch (Exception e)
56           {
```

```
57              MessageBox.Show(e.Message, Common.APP_TITLE,
58                  MessageBoxButtons.OK, MessageBoxIcon.Error);
59          }
60      }
61      //绘制 ListView 控件的列标题
62      private void DrawHeader(DataTable dt, ListView lv, int firstWidth, int otherWidth)
63      {
64          try
65          {
66              lv.Columns.Clear();
67              string type = "";
68              ColumnHeader ch = null;
69              ch = new ColumnHeader();
70              ch.Text = "项目";
71              ch.TextAlign = HorizontalAlignment.Right;
72              ch.Width = firstWidth;
73              lv.Columns.Add(ch);
74              for (int i = 0; i < dt.Rows.Count; i++)
75              {
76                  ch = new ColumnHeader();
77                  type = GetTypeString(int.Parse(dt.Rows[i]["类型"].ToString()));
78                  ch.Text = dt.Rows[i]["年份"].ToString() + type;
79                  ch.TextAlign = HorizontalAlignment.Right;
80                  ch.Width = otherWidth;
81                  lv.Columns.Add(ch);
82              }
83              lv.View = View.Details;
84          }
85          catch (Exception e)
86          {
87              MessageBox.Show(e.Message, Common.APP_TITLE,
88                  MessageBoxButtons.OK, MessageBoxIcon.Error);
89          }
90      }
91      private string GetTypeString(int type)
92      {
93          string ret = "";
94          switch (type)
95          {
96              case 1:
97                  ret = "年 1－3 月";
98                  break;
99              case 2:
100                 ret = "年 1－6 月";
101                 break;
102             case 3:
103                 ret = "年 1－9 月";
104                 break;
105             case 4:
106                 ret = "年 1－12 月";
107                 break;
```

```
108            }
109        return ret;
110    }
111    //准备数据
112    private void PrepareChartData(object sender, AxisFormat format)
113    {
114        ListView lv = (ListView)sender;
115        if (lv.SelectedItems.Count > 0)
116        {
117            string[] values = null;
118            string[] legends = null;
119            int count = lv.SelectedItems[0].SubItems.Count;
120            if (count > 1)
121            {
122                values = new string[count];
123                legends = new string[count];
124                this.groupBox2.Text = lv.SelectedItems[0].Text;
125                values[0] = lv.SelectedItems[0].Text;
126                legends[0] = lv.Columns[0].Text;
127                for (int i = 1; i < count; i++)
128                {
129                    values[i] = lv.SelectedItems[0].SubItems[i].Text;
130                    legends[i] = lv.Columns[i].Text;
131                }
132                DrawChart(values, legends, format);
133            }
134            else
135            {
136                chart1.ClearData(ClearDataFlag.AllData);
137            }
138        }
139    }
140    void DrawChart(string[] values, string[] legends, AxisFormat format)
141    {
142        try
143        {
144            int count = values.Length - 1;
145            chart1.Gallery = Gallery.Lines;
146            chart1.Chart3D = false;
147            chart1.ToolBar = false;
148            chart1.Series[0].Color = Color.Blue;
149            chart1.PointLabelColor = Color.Red;
150            chart1.MarkerShape = MarkerShape.Rect;
151            chart1.AxisY.LabelsFormat.Format = format;
152            chart1.AxisY.Title.Text = values[0];
153            chart1.PointLabels = true;
154            chart1.Grid = ChartGrid.Horz | ChartGrid.Vert;
155            chart1.AxisY.Grid.Style = System.Drawing.Drawing2D.DashStyle.Dot;
156            chart1.OpenData(COD.Values, 1, count);
157            for (int i = 0; i < count; i++)
158            {
```

```
159                    chart1.Value[0, i] = double.Parse(values[i + 1]);
160                    chart1.Legend[i] = legends[i + 1];
161                }
162            chart1.CloseData(COD.Values);
163            chart1.RecalcScale();
164        }
165        catch (Exception e)
166        {
167            MessageBox.Show(e.Message, Common.APP_TITLE,
168                MessageBoxButtons.OK, MessageBoxIcon.Error);
169        }
170    }
171    private void lv_SelectedIndexChanged(object sender, EventArgs e)
172    {
173        PrepareChartData(sender, AxisFormat.Currency);
174    }
175    ...
176 }
```

代码解释：

① 第 5 行～第 60 行代码定义 GetBalance()方法，该方法用来填充 ListView 控件的 Items 集合。

② 第 62 行～第 90 行代码定义 DrawHeader()方法，该方法用来填充 ListView 控件的 Columns 集合。

③ 第 91 行～第 110 行代码定义了 GetTypeString()方法，该方法用于将数据库中的"类型"字段转成描述性的文字说明。

④ 第 112 行～第 139 行代码定义了 PrepareChartData()方法，该方法用于准备数据，这些数据将传递给 DrawChart 方法来绘制成图形。

⑤ 第 140 行～第 170 行代码定义了 DrawChart()方法，该方法将传递来的数据在 Chart 控件上以图形的形式显示。关于 Chart 控件的使用方法读者可参阅该控件的帮助文档，此处不再赘述。

⑥ 第 171 行～第 174 行代码定义了 ListView 控件 SelectedIndexChanged 事件的处理程序，当用户选择 ListView 控件的不同条目时，将触发该事件，从而绘制不同的图形。

（6）编写打开利润表的 GetProfit 方法。GetProfit()方法的代码如下（节选）。

程序清单：codes\08\4\frmReports.cs

```
1  public partial class frmReports : Form
2  {
3      ...
4      public void GetProfit(string code, int year, ListView lv)
5      {
6          try
7          {
8              string colCaption = "", colName = "";
9              string[] colCaptions = { "    营业收入", "    减：营业成本",
10                 "    营业税金及附加", "        销售费用",
11                 "    管理费用", "        财务费用",
```

```
12              "        资产减值损失", "       加：公允价值变动收益",
13              "        投资收益", "         汇兑收益", "      营业利润",
14              "      加：营业外收入", "      减：营业外支出", "     利润总额",
15              "      减：所得税费用", "       净利润",
16              "      (一)基本每股收益", "      (二)稀释每股收益" };
17          string[] colNames = { "营业收入", "营业成本", "营业税金及附加",
18              "销售费用", "管理费用", "财务费用", "资产减值损失",
19              "公允价值变动收益", "投资收益", "汇兑收益", "营业利润",
20              "营业外收入", "营业外支出", "利润总额", "所得税费用",
21              "净利润", "基本每股收益", "稀释每股收益" };
22          string sql = "select * from profit where 证券代码 = '" + code +
23              "' and 年份 = '" + year + "' order by 类型 asc";
24          DataTable dt = Common.GetTable(cnn, sql);
25          DrawHeader(dt, lv, 300, 150);
26          lv.Items.Clear();
27          lv.Groups.Clear();
28          ListViewItem lvi = null;
29          ListViewItem.ListViewSubItem lvsi = null;
30          ListViewGroup[] lvg = new ListViewGroup[5];
31          lvg[0] = new ListViewGroup("营业收入");
32          lvg[1] = new ListViewGroup("营业利润");
33          lvg[2] = new ListViewGroup("利润总额");
34          lvg[3] = new ListViewGroup("净利润");
35          lvg[4] = new ListViewGroup("每股收益");
36          int k = 0;
37          int count = 0;
38          lv.Groups.AddRange(lvg);
39          for (int i = 0; i < dt.Columns.Count; i++)
40          {
41              if (dt.Columns[i].ColumnName.Equals("证券代码")
42                  || dt.Columns[i].ColumnName.Equals("年份")
43                  || dt.Columns[i].ColumnName.Equals("类型"))
44                  continue;
45              colCaption = colCaptions[k];
46              colName = colNames[k];
47              lvi = new ListViewItem(colCaption);
48              for (int j = 0; j < dt.Rows.Count; j++)
49              {
50                  lvsi = new ListViewItem.ListViewSubItem();
51                  lvsi.Text =
52          (Double.Parse(dt.Rows[j][colName].ToString()).ToString("N"));
53                  lvi.SubItems.Add(lvsi);
54                  lvi.Group = lvg[count];
55              }
56              lv.Items.Add(lvi);
57              if (colName.Equals("所得税费用"))
58              {
59                  count++;
60              }
61              k++;
62          }
63          lv.Items[0].Selected = true;
64          lv.Items[0].Focused = true;
65      }
```

```
66          catch (Exception e)
67          {
68              MessageBox.Show(e.Message, Common.APP_TITLE,
69                  MessageBoxButtons.OK, MessageBoxIcon.Error);
70          }
71      }
72      …
73 }
```

代码解释：

① 第 4 行～第 71 行代码定义了 GetProfit()方法，这个方法用于显示利润表，它的原理与 GetBalance 方法相同，只不过，利润表数据库中的列名与在窗体上显示的科目名稍有差异，所以，第 9 行代码定义了 string 数组 colCaptions 来存储要在窗体上显示的科目名，第 17 行代码定义了 string 数组 colNames 来存储数据库中利润表的列名。

② 其余代码无非是填充 ListView 控件的 Columns 属性集合与 Items 属性集合，此处不再赘述。

（7）运行程序。按 Ctrl＋F5 键编译并运行程序，选择"财务报表"→"资产负债表"菜单项，结果如图 8-4 所示。

图 8-4　资产负债表界面

8.3.5　实现"财务报表分析"功能

财务报表分析有 3 个功能：盈利能力分析、营运能力分析和偿债能力分析。实际上，在 8.3.4 小节的示例程序中，曾讲到 InitData()方法，在该方法的 switch 语句分支中，分别有 3 个方法对应上述 3 种能力分析：GainAnalysis()方法用于盈利能力分析，WorkingAnalysis()方法用于营运能力分析，RepayAnalysis()方法用于偿债能力分析。下面详细讲解这 3 个方法。

示例：codes\08\5\CFA

编写财务分析代码，可按照如下步骤进行。

（1）打开 CFA 项目。启动 VS. NET，打开 codes\08\5 文件夹下的 CFA 项目。

（2）修改 ReportType 枚举类型。为先前定义的 ReportType 枚举再增加 3 个成员，具体代码如下（节选）。

程序清单：codes\08\5\frmMain. cs

```
1   public enum ReportType : byte
2   {
3       Balance,        //查看资产负债表
4       Profit          //查看利润表
5       Gain,           //盈利能力分析
6       Repay,          //偿债能力分析
7       Working         //营运能力分析
8   }
```

（3）编写 3 个枚举类型。编写 3 个枚举类型，分别用来区分进行哪种指标分析，代码如下（节选）。

程序清单：codes\08\5\frmReports. cs

```
1   enum GainAnalysisIndex                      //盈利能力分析
2   {
3       BusinessGrossProfitRatio,               //营业毛利率
4       TotalAssetsProfitRatio,                 //总资产利润率
5       NetAssetsProfitRatio                    //净资产收益率
6   }
7   enum WorkingAnalysisIndex                    //营运能力分析
8   {
9       CurrentAssetsTurnoverRatio,             //流动资产周转率
10      FixedAssetsTurnoverRatio,               //固定资产周转率
11      TotalAssetsTurnoverRatio                //总资产周转率
12  }
13  enum RepayAnalysisIndex                      //偿债能力分析
14  {
15      CurrentRatio,                           //流动比率
16      AssetsLiabilitiesRatio                  //资产负债率
17  }
```

代码解释：

① GainAnalysisIndex 枚举用于盈利能力分析。

② WorkingAnalysisIndex 枚举用于营运能力分析。

③ RepayAnalysisIndex 枚举用于偿债能力分析。

（4）编写盈利能力分析代码。CFA 项目中的 GainAnalysis() 方法用于盈利能力分析，其代码如下。

程序清单：codes\08\5\frmReports. cs

```
1   public void GainAnalysis(string code, int year, ListView lv)
2   {
3       string sql = "select * from profit where 证券代码 = '" + code + "' and 年份 = '"
4           + year + "' order by 类型 asc";
```

```
5        DataTable dt = Common.GetTable(cnn, sql);              //获得查询结果
6        DrawHeader(dt, lv, 200, 100);                          //绘制 ListView 控件的列集合
7        lv.Items.Clear();                                      //清空行集合
8        lv.Groups.Clear();                                     //清空组集合
9        ListViewGroup lvg1 = new ListViewGroup("营业盈利能力分析");
10       lv.Groups.Add(lvg1);
11       ListViewGroup lvg2 = new ListViewGroup("资产盈利能力分析");
12       lv.Groups.Add(lvg2);
13       ListViewGroup lvg3 = new ListViewGroup("资本盈利能力分析");
14       lv.Groups.Add(lvg3);
15       //营业盈利能力分析 - 营业毛利率
16       lv.Items.Add(GetLVI(dt,lvg1, GainAnalysisIndex.BusinessGrossProfitRatio,
17           code,year));
18       //资产盈利能力分析 - 总资产利润率
19       lv.Items.Add(GetLVI(dt,lvg2, GainAnalysisIndex.TotalAssetsProfitRatio,
20           code, year));
21       //资本盈利能力分析 - 净资产收益率
22       lv.Items.Add(GetLVI(dt,lvg3, GainAnalysisIndex.NetAssetsProfitRatio,
23           code, year));
24       lv.Items[0].Selected = true;
25       lv.Items[0].Focused = true;
26   }
27   private ListViewItem GetLVI(DataTable dt,ListViewGroup lvg, GainAnalysisIndex fai,
28       string code, int year)
29   {
30       string sql = "";
31       double v1 = 0, v2 = 0, v = 0;
32       ListViewItem lvi = null;
33       ListViewItem.ListViewSubItem lvsi = null;
34       switch (fai)
35       {
36           case GainAnalysisIndex.BusinessGrossProfitRatio:
37               lvi = new ListViewItem("营业毛利率(%)");
38               break;
39           case GainAnalysisIndex.TotalAssetsProfitRatio:
40               lvi = new ListViewItem("总资产利润率(%)");
41               break;
42           case GainAnalysisIndex.NetAssetsProfitRatio:
43               lvi = new ListViewItem("净资产收益率(%)");
44               break;
45       }
46       int type;
47       DataTable dt1 = null, dt2 = null;
48       for (int i = 0; i < dt.Rows.Count; i++)
49       {
50           switch (fai)
51           {
52               case GainAnalysisIndex.BusinessGrossProfitRatio:  //营业毛利率
53                   v1 = double.Parse(dt.Rows[i]["营业收入"].ToString());
54                   v2 = double.Parse(dt.Rows[i]["营业成本"].ToString());
```

```
55                  v = (v1 - v2) / v1 * 100;
56                  break;
57              case GainAnalysisIndex.TotalAssetsProfitRatio:    //总资产利润率
58                  sql = "select 资产总计 from balance where 证券代码 = '" + code
59                      + "' and 年份 = '" + (year - 1) + "' and 类型 = 4";
60                  dt1 = Common.GetTable(cnn, sql);
61                  type = int.Parse(dt.Rows[i]["类型"].ToString());
62                  sql = "select 资产总计 from balance where 证券代码 = '" + code
63                      + "' and 年份 = '" + year + "' and 类型 = " + type;
64                  dt2 = Common.GetTable(cnn, sql);
65                  v1 = double.Parse(dt.Rows[i]["利润总额"].ToString());
66                  v2 = (double.Parse(dt1.Rows[0]["资产总计"].ToString()) +
67                      double.Parse(dt2.Rows[0]["资产总计"].ToString())) / 2;
68                  v = v1 / v2 * 100;
69                  break;
70              case GainAnalysisIndex.NetAssetsProfitRatio:      //净资产收益率
71                  sql = "select 所有者权益合计 from balance where 证券代码 = '"
72                      + code + "' and 年份 = '" + (year - 1) + "' and 类型 = 4";
73                  dt1 = Common.GetTable(cnn, sql);
74                  type = int.Parse(dt.Rows[i]["类型"].ToString());
75                  sql = "select 所有者权益合计 from balance where 证券代码 = '"
76                      + code + "' and 年份 = '" + year + "' and 类型 = " + type;
77                  dt2 = Common.GetTable(cnn, sql);
78                  v1 = double.Parse(dt.Rows[i]["净利润"].ToString());
79                  v2 = (double.Parse(dt1.Rows[0]["所有者权益合计"].ToString()) +
80                      double.Parse(dt2.Rows[0]["所有者权益合计"].ToString())) / 2;
81                  v = v1 / v2 * 100;
82                  break;
83          }
84          lvsi = new ListViewItem.ListViewSubItem();
85          lvsi.Text = v.ToString("0.##");
86          lvi.SubItems.Add(lvsi);
87      }
88      lvi.Group = lvg;
89      return lvi;
90 }
```

代码解释：

① 第 1 行～第 26 行代码定义了 GainAnalysis()方法，该方法的第 3 个参数 lv 为将要显示指标的 ListView 控件。

② 第 5 行代码获得 DataTable 对象，该对象存储着查询结果集。

③ 第 6 行代码通过 DrawHeader()方法绘制 ListView 控件的列集合。

④ 第 9 行～第 14 行代码创建了三个 ListViewGroup 对象，这表示要将 ListView 控件的 Items 分成三组，注意，每个 Item 都需要指明属于哪个 ListViewGroup。

⑤ 第 16 行代码为 ListView 控件的 Items 集合添加一个元素，注意，Add()方法的参数为 ListViewItem 类型，此处调用的 GetLVI()方法，其返回值类型就是 ListViewItem 类型。

⑥ GainAnalysis()方法余下的代码也主要是调用 GetLVI()方法，所以，下面重点解释

GetLVI 方法。GetLVI()方法的原型如下。

```
private ListViewItem GetLVI (DataTable dt, ListViewGroup lvg, GainAnalysisIndex fai, string
code, int year)
```

参数说明：

dt——DataTable 类型，指标计算要使用的原始数据集。

lvg——ListViewGroup 类型，因为本方法返回类型为 ListViewItem，所以 lvg 指明这个 item 所属的组。

fai——GainAnalysisIndex 枚举类型，它指明要分析诸多盈利指标中的哪一个。

code——要分析的目标公司的证券代码。

year——要分析的目标公司的财务报表年份。

返回类型：ListViewItem。

本方法根据输入的参数，计算相应的财务指标，将结果放入 ListViewItem 中，并将其返回。

⑦ 第 34 行~第 45 行代码构建了一个 switch 语句，根据 fai 参数实例化 ListViewItem 对象变量 lvi。

⑧ 第 48 行~第 87 行代码构建了一个 for 循环语句，该循环用于遍历数据集 dt，数据集 dt 中存储着 code 代码指定的上市公司在 year 参数指定的年份公布的所有报表数据，其中，每一行代表一个日期的财务报表。在 for 循环体中，switch 语句根据 fai 参数编写 3 个分支，分别计算 3 个财务指标，至于每种指标的具体算法，大家只需要参考 8.1.1 小节介绍的财务知识即可，此处不再赘述。

（5）编写营运能力分析代码。CFA 项目中的 WorkingAnalysis()方法用于营运能力分析，其代码如下。

程序清单：codes\08\5\frmReports. cs

```
1   public void WorkingAnalysis(string code, int year, ListView lv)
2   {
3       string sql = "select * from profit where 证券代码 = '" + code + "' and 年份 = '"
4           + year + "' order by 类型 asc";
5       DataTable dt = Common. GetTable(cnn, sql);
6       DrawHeader(dt, lv, 200, 100);
7       lv. Items. Clear();
8       lv. Groups. Clear();
9       ListViewGroup lvg1 = new ListViewGroup("流动资产营运能力分析");
10      lv. Groups. Add(lvg1);
11      ListViewGroup lvg2 = new ListViewGroup("固定资产营运能力分析");
12      lv. Groups. Add(lvg2);
13      ListViewGroup lvg3 = new ListViewGroup("总资产营运能力分析");
14      lv. Groups. Add(lvg3);
15      //流动资产营运能力分析 - 流动资产周转率(次)
16  lv. Items. Add(GetLVI(dt, lvg1, WorkingAnalysisIndex. CurrentAssetsTurnoverRatio,
                        code, year));
17      //固定资产营运能力分析 - 固定资产周转率(次)
18  lv. Items. Add(GetLVI(dt, lvg2, WorkingAnalysisIndex. FixedAssetsTurnoverRatio,
                        code, year));
```

```
19      //总资产营运能力分析－总资产周转率(次)
20 lv.Items.Add(GetLVI(dt, lvg3, WorkingAnalysisIndex.TotalAssetsTurnoverRatio,
                    code, year));
21      lv.Items[0].Selected = true;
22      lv.Items[0].Focused = true;
23 }
24 private ListViewItem GetLVI(DataTable dt, ListViewGroup lvg,
25      WorkingAnalysisIndex wai, string code, int year)
26 {
27      string sql = "";
28      double v1 = 0, v2 = 0, v = 0;
29      ListViewItem lvi = null;
30      ListViewItem.ListViewSubItem lvsi = null;
31      switch (wai)
32      {
33          case WorkingAnalysisIndex.CurrentAssetsTurnoverRatio:
34              lvi = new ListViewItem("流动资产周转率(次)");
35              break;
36          case WorkingAnalysisIndex.FixedAssetsTurnoverRatio:
37              lvi = new ListViewItem("固定资产周转率(次)");
38              break;
39          case WorkingAnalysisIndex.TotalAssetsTurnoverRatio:
40              lvi = new ListViewItem("总资产周转率(次)");
41              break;
42      }
43      int type;
44      DataTable dt1 = null, dt2 = null;
45      for (int i = 0; i < dt.Rows.Count; i++)
46      {
47      switch (wai)
48      {
49          case WorkingAnalysisIndex.CurrentAssetsTurnoverRatio: //流动资产周转率
50              sql = "select 流动资产合计 from balance where 证券代码 = '" + code
51                  + "' and 年份 = '" + (year - 1) + "' and 类型 = 4";
52              dt1 = Common.GetTable(cnn, sql);
53              type = int.Parse(dt.Rows[i]["类型"].ToString());
54              sql = "select 流动资产合计 from balance where 证券代码 = '" + code
55                  + "' and 年份 = '" + year + "' and 类型 = " + type;
56              dt2 = Common.GetTable(cnn, sql);
57              v1 = double.Parse(dt.Rows[i]["营业收入"].ToString());
58              v2 = (double.Parse(dt1.Rows[0]["流动资产合计"].ToString()) +
59                  double.Parse(dt2.Rows[0]["流动资产合计"].ToString())) / 2;
60              v = v1 / v2;
61              break;
62          case WorkingAnalysisIndex.FixedAssetsTurnoverRatio: //固定资产周转率
63              sql = "select 固定资产 from balance where 证券代码 = '" + code
64                  + "' and 年份 = '" + (year - 1) + "' and 类型 = 4";
65              dt1 = Common.GetTable(cnn, sql);
66              type = int.Parse(dt.Rows[i]["类型"].ToString());
67              sql = "select 固定资产 from balance where 证券代码 = '" + code
68                  + "' and 年份 = '" + year + "' and 类型 = " + type;
```

```
69          dt2 = Common.GetTable(cnn, sql);
70          v1 = double.Parse(dt.Rows[i]["营业收入"].ToString());
71          v2 = (double.Parse(dt1.Rows[0]["固定资产"].ToString()) +
72              double.Parse(dt2.Rows[0]["固定资产"].ToString())) / 2;
73          v = v1 / v2;
74          break;
75      case WorkingAnalysisIndex.TotalAssetsTurnoverRatio:    //总资产周转率
76          sql = "select 资产总计 from balance where 证券代码 = '" + code
77              + "' and 年份 = '" + (year - 1) + "' and 类型 = 4";
78          dt1 = Common.GetTable(cnn, sql);
79          type = int.Parse(dt.Rows[i]["类型"].ToString());
80          sql = "select 资产总计 from balance where 证券代码 = '" + code
81              + "' and 年份 = '" + year + "' and 类型 = " + type;
82          dt2 = Common.GetTable(cnn, sql);
83          v1 = double.Parse(dt.Rows[i]["营业收入"].ToString());
84          v2 = (double.Parse(dt1.Rows[0]["资产总计"].ToString()) +
85              double.Parse(dt2.Rows[0]["资产总计"].ToString())) / 2;
86          v = v1 / v2;
87          break;
88      }
89      lvsi = new ListViewItem.ListViewSubItem();
90      lvsi.Text = v.ToString("0.####");
91      lvi.SubItems.Add(lvsi);
92      }
93      lvi.Group = lvg;
94      return lvi;
95  }
```

代码解释：

① 第1行～第23行代码定义了 WorkingAnalysis() 方法，该方法用于营运能力分析。

② 第24行～第95行代码定义了 GetLVI() 方法，该方法用于计算营运指标，将结果放入 ListViewItem，并将其返回。

③ 上述两个方法的工作原理可参见盈利能力分析代码的解释。

（6）编写偿债能力分析代码。CFA 项目中的 RepayAnalysis() 方法用于偿债能力分析，其代码如下。

程序清单：codes\08\5\frmReports.cs

```
1   public void RepayAnalysis(string code, int year, ListView lv)
2   {
3       string sql = "select * from balance where 证券代码 = '" + code + "' and 年份 = '"
4           + year + "' order by 类型 asc";
5       DataTable dt = Common.GetTable(cnn, sql);
6       DrawHeader(dt, lv, 200, 100);
7       lv.Items.Clear();
8       lv.Groups.Clear();
9       ListViewGroup lvg1 = new ListViewGroup("短期偿债能力分析");
10      lv.Groups.Add(lvg1);
11      ListViewGroup lvg2 = new ListViewGroup("长期偿债能力分析");
12      lv.Groups.Add(lvg2);
```

```
13      //短期偿债能力分析 - 流动比率
14      lv.Items.Add(GetLVI(dt, lvg1, RepayAnalysisIndex.CurrentRatio, code, year));
15      //长期偿债能力分析 - 资产负债率
16      lv.Items.Add(GetLVI(dt, lvg2, RepayAnalysisIndex.AssetsLiabilitiesRatio, code, year));
17      lv.Items[0].Selected = true;
18      lv.Items[0].Focused = true;
19  }
20  private ListViewItem GetLVI(DataTable dt, ListViewGroup lvg,
21      RepayAnalysisIndex rai, 21 string code, int year)
22  {
23      double v1 = 0, v2 = 0, v = 0;
24      ListViewItem lvi = null;
25      ListViewItem.ListViewSubItem lvsi = null;
26      switch (rai)
27      {
28          case RepayAnalysisIndex.CurrentRatio:
29              lvi = new ListViewItem("流动比率");
30              break;
31          case RepayAnalysisIndex.AssetsLiabilitiesRatio:
32              lvi = new ListViewItem("资产负债率");
33              break;
34      }
35      for (int i = 0; i < dt.Rows.Count; i++)
36      {
37          switch (rai)
38          {
39              case RepayAnalysisIndex.CurrentRatio:               //流动比率
40                  v1 = double.Parse(dt.Rows[i]["流动资产合计"].ToString());
41                  v2 = double.Parse(dt.Rows[i]["流动负债合计"].ToString());
42                  v = v1/v2;
43                  break;
44              case RepayAnalysisIndex.AssetsLiabilitiesRatio:     //资产负债率
45                  v1 = double.Parse(dt.Rows[i]["负债合计"].ToString());
46                  v2 = double.Parse(dt.Rows[i]["资产总计"].ToString());
47                  v = v1 / v2 * 100;
48                  break;
49          }
50          lvsi = new ListViewItem.ListViewSubItem();
51          lvsi.Text = v.ToString("0.####");
52          lvi.SubItems.Add(lvsi);
53      }
54      lvi.Group = lvg;
55      return lvi;
56  }
```

代码解释：

① 第 1 行～第 19 行代码定义了 RepayAnalysis() 方法。

② 第 20 行～第 56 行代码定义了 GetLVI() 方法。

③ 上述两个方法的工作原理可参见盈利能力分析代码的解释。

（7）运行程序。按 Ctrl＋F5 键编译并运行 CFA 项目，选择"财务分析"→"盈利能力分析"菜单项,结果如图 8-5 所示。

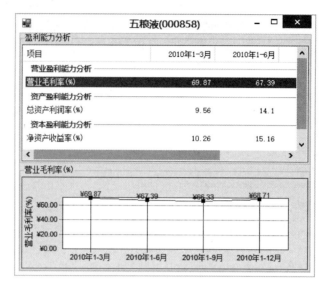

图 8-5　CFA 程序的盈利能力分析界面

　　至于"营运能力分析"界面和"偿债能力分析"界面与图 8-5 类似,此处从略。

参 考 文 献

［1］李继武.C♯语言程序设计［M］.北京：清华大学出版社,2011.

［2］Anders Hejlsberg，Mads Torgersen，Scott Wiltamuth，等.C♯程序设计语言［M］.4版.陈宝国，黄俊莲，马燕新，译.北京：机械工业出版社,2011.

［3］Andrew Troelsen.C♯与.NET 3.5高级程序设计［M］.4版.朱晔，肖逵，张大磊，等，译.北京：人民邮电出版社,2009.

［4］池国华.财务报表分析［M］.北京：清华大学出版社,2008.